Die angegebenen Grundpreise sind mit der Schlüsselzahl des Börsenvereins zu vervielfältigen.

Sammlung
mathematisch-physikalischer Lehrbücher

Herausgegeben von Geh. Bergrat Prof. Dr. E. Jahnke

Konforme Abbildung. Von Dr. Leo Lewent, weil. Oberlehrer in Berlin. Hrsg. von weil. Geh. Bergrat Prof. Dr. Eugen Jahnke. Mit Beitrag von Dr. Wilh. Blaschke, Prof. an der Univ. Königsberg. Mit 40 Abb. [VI u. 118 S.] 1912. Steif geh. M. 1.60 . . . . (Bd. XIV.)

Zahlenrechnen. Von Dr. L. Schrutka, Edler von Rechtenstamm, Professor an der deutschen technischen Hochschule in Brünn. . . . . (Bd. XX.)

Die Theorie der Besselschen Funktionen. Von Dr. P. Schafheitlin, Prof. am Sophien-Realgymnasium zu Berlin. Mit 1 Figurentafel. [V u. 129 S.] 1908. Steif geh. M. 1.80 (Bd. IV.)

Theorie der elliptischen Funktionen. Von weil. Geh. Hofrat Prof. Dr. Martin Krause unter Mitwirkung von Dr. Emil Naetsch, Prof. an der Technischen Hochschule Dresden. Mit 25 Figuren. [VII u. 186 S.] 1912. Steif geh. M. 2.50 . . . . (Bd. XIII.)

Die Determinanten. Von Geh. Hofrat Dr. E. Netto, weil. Professor an der Universität Gießen. [VI u. 130 S.] 1910. Steif geh. M. 2.40 . . . . (Bd. IX.)

Funktionentafeln mit Formeln und Kurven. Von Geh. Bergrat Dr. E. Jahnke, weil. Prof. an der Technischen Hochschule zu Berlin, und F. Emde, Prof. an der Technischen Hochschule zu Stuttgart. 2. Aufl. [Erscheint Juni 1923.]. . . . . (Bd. V.)

Graphische Methoden. Von Geh. Reg.-Rat Dr. C. Runge, Prof. an der Universität Göttingen). 2. Aufl. Mit 94 Fig. im Text. [IV u. 130 S.] 1919. Steif geh. M. 2.20 . . (Bd. XVIII.)

Leitfaden zum graphischen Rechnen. Von Dr. R. Mehmke, Professor an der Technischen Hochschule in Stuttgart. 2. Aufl. [In Vorb. 1923.]. . . . . (Bd. XIX.)

Graphische Hydraulik. Von Zivilingenieur Dr. A. Schoklitsch in Graz. [In Vorb. 1923.] (Bd. XXI.)

Theorie der Kräftepläne. Von Dr. H. E. Timerding, Prof. an der Techn. Hochschule Braunschweig. Mit 46 Figuren. [VI u. 99 S.] 1910. Steif geh. M. 1.40 . . . . . . (Bd. VII.)

Die Vektoranalysis und ihre Anwendung in der theoretischen Physik. Von Dr. W. v. Ignatowsky. In 2 Teilen: I. Die Vektoranalysis. 2. Aufl. Mit 27 Figuren. [VIII u.112 S.] 1921. Steif geh. M. 2.30. II. Anwendung der Vektoranalysis in der theoretischen Physik. 2. Aufl. Mit 14 Figuren. [IV u. 123 S.] 1921. Steif geh. M. 2.40 . . . . (Bd. VI.)

Die komplexe Vektorrechnung und ihre praktische Anwendung in der Wechselstromtechnik. Von Dr.-Ing. H. Kafka in Siemensstadt bei Berlin. [In Vorb. 1923] . . . .

Einführung in die Theorie des Magnetismus. Von Dr. R. Gans, Dir. d. phys. Instituts d. Univ. La Plata. Mit 40 Figuren. [VI u. 110 S.] 1908. Steif geh. M. 1.40 . . . . . . (Bd. I.)

Einführung in die Maxwellsche Theorie der Elektrizität und des Magnetismus. Von Dr. Cl. Schaefer, Prof. an der Universität Marburg. Mit Bildnis J. C. Maxwells und 33 Abb. 2. Aufl. [VI u. 174 S.] 1922. Steif geh. M. 2.30 . . . . (Bd. III.)

Grundzüge der mathematisch-physikalischen Akustik. Von Dr. A. Kalähne, Professor an der Technischen Hochschule Danzig. 2 Teile. I.: [VII u. 144 S.] 1910. Steif geh. M. 1.80. II. Teil: Mit 57 Fig. im Text. [X u. 225 S.] 1913. Steif geh. M. 3.— . . . . (Bd. XI.)

Einführung in die kinetische Theorie der Gase. Von Dr. A. Byk, Professor an der Universität und der Techn. Hochschule Berlin. 2 Teile. I.: Die idealen Gase. Mit 14 Figuren. [V u. 102 S.] 1910. Steif geh. M. 1.40. — II. in Vorbereitung . . . . (Bd. X.)

Dispersion und Absorption des Lichts in ruhenden isotropen Körpern. Theorie und ihre Folgerungen. Von Dr. D. A. Goldhammer, Professor an der Universität Kasan. Mit 28 Fig. [VI u. 144 S.] 1912. Steif geh. M. 1.90 . . . . (Bd. XVI.)

Die Theorie der Wechselströme. Von Geh. Reg.-Rat Dr. E. Orlich, Mitglied der Phys.-Techn. Reichsanstalt Charlottenburg. Mit 37 Fig. [IV u. 94 S.] 1912. Steif geh. M. 1.30 (Bd. XII.)

Elektromagnetische Ausgleichsvorgänge in Freileitungen und Kabeln. Von Professor Dr. K. W. Wagner, Mitglied der Phys.-Techn. Reichsanstalt Charlottenburg. Mit 23 Fig. [IV u. 109 S.] 1908. Steif geh. M. 1.80 . . . . (Bd. II.)

Die mathematischen Instrumente. Von Geh. Reg.-Rat Professor Dr. A. Galle in Potsdam. Mit 86 Abbildungen. [VI u. 187 S.] 1912. Steif geh. M. 2.50 . . . . (Bd. XV.)

Mathematische Theorie der astronomischen Finsternisse. Von Professor Dr. P. Schwahn, weil. Direktor der Gesellschaft u. Sternwarte „Urania" in Berlin. Mit 20 Fig. [VI u. 128 S.] 1910. Steif geh. M. 1.80 . . . . (Bd. VIII.)

Weitere Bände in Vorbereitung.

Springer Fachmedien Wiesbaden GmbH

Anfragen ist Rückporto beizufügen

SAMMLUNG MATHEMATISCH-PHYSIKALISCHER LEHRBÜCHER
HERAUSGEGEBEN VON E. JAHNKE
===== 20 =====

ZAHLENRECHNEN

VON

DR. LOTHAR SCHRUTKA
O. Ö. PROFESSOR AN DER DEUTSCHEN
TECHNISCHEN HOCHSCHULE IN BRÜNN

Springer Fachmedien Wiesbaden GmbH 1923

ISBN 978-3-663-15179-1 ISBN 978-3-663-15742-7 (eBook)
DOI 10.1007/978-3-663-15742-7

SCHUTZFORMEL FÜR DIE VEREINIGTEN STAATEN VON AMERIKA:
COPYRIGHT 1923 BY SPRINGER FACHMEDIEN WIESBADEN
Ursprünglich erschienen bei B. G. Teubner in Leipzig 1923.

ALLE RECHTE,
EINSCHLIESSLICH DES ÜBERSETZUNGSRECHTS, VORBEHALTEN

SEINEM HOCHVEREHRTEN LEHRER

PROFESSOR DR. FRANZ MERTENS

IN DANKBARSTER ERINNERUNG
AN SEINE WIENER STUDIENZEIT
ZUGEEIGNET

VOM VERFASSER

Vorwort.

> Des Mannes Gröb' ist mir, nicht daß er fehlerfrei,
> doch über Fehler, die er hat, erhaben sei.
> Fr. RÜCKERT,
> „Weisheit des Brahmanen", VIII, 70.

Das Zahlenrechnen nimmt in der Mathematik eine eigenartige Stellung ein: dem Kreis der darin auftretenden Gedankengänge nach führt es nirgends aus dem Gebiet der reinen Mathematik heraus, und doch zeigt es wieder ganz das Verhalten der angewandten Mathematik, indem alle Überlegungen einem scharf umrissenen Zwecke dienstbar gemacht werden. Auch der Wertschätzung in den Reihen der Mathematiker nach gesellt es sich ganz zur angewandten Mathematik: während vor hundert Jahren die größten Mathematiker, GAUSS voran, es nicht unter- ihrer Würde fanden, auf die zahlenmäßige Durchführung der abstrakten Gedanken einzugehen, trat später eine Entfremdung ein, die erst in der letzten Zeit wieder langsam gewichen ist.

Zu dieser Umkehr hat wohl beigetragen, daß einzelne Wissenschaften, wie die Astronomie, heute schon fast in Gefahr sind, von der Last der Zahlenrechnungen erdrückt zu werden. Selbst geringe Ersparnisse bei einer Rechenoperation haben bei der hundert- und aber hundertfachen Wiederholung ihre Bedeutung; selbst kostspielige Hilfsarbeiten, wie Tafeln und Maschinen, aber auch in die Tiefe dringende Forschungen erweisen sich als lohnend. Man nimmt mit Erstaunen wahr, daß oft die Ergebnisse der abstraktesten Theorien gewissermaßen wirtschaftlichen Wert gewinnen, so, um nur ein Beispiel zu nennen, die Geometrie der Lage in der Nomographie.

Danach können also auch anscheinend tiefliegende Untersuchungen ihren Wert für das Zahlenrechnen haben; es ist daher an eine Erschöpfung des Stoffes nicht zu denken und eine willkürliche Abgrenzung notwendig. Ich habe sie so getroffen, daß ich über die landläufigen Rechnungsarten hinaus bis zu den Logarithmen und den Winkelfunktionen gehe und ferner noch die Behandlung der Polynome als besonders wichtigen Abschnitt einfüge. Die graphischen Verfahren und den Rechenschieber habe ich ausgeschieden, da hier schon verschiedene Darstellungen vorliegen, dagegen die Rechenmaschinen, die in jüngster Zeit starke Verbreitung gefunden haben, ausführlich besprochen. Dem Rechnen mit Zahlen mit sehr vielen Stellen habe ich in Anbetracht ihres seltenen Vorkommens weniger Raum gegönnt.

Bei der Anführung der Tafelwerke mußte, insbesondere bei den Logarithmentafeln, eine Auslese getroffen werden; sollte ich hierbei bemerkenswerte Tafelwerke übersehen haben, so würde mich eine Mitteilung darüber zu Dank verpflichten.

Die Art der Darstellung schließt sich der meiner früheren Lehrbücher an: kleine scharf umrissene Nummern, die zu weniger scharf abgegrenzten Paragraphen zusammengeschlossen sind; die Systematik wird durch Verweisungen und das ausführliche Register vermittelt. Alle Nachweise erfolgen nach diesen Nummern; ich hätte diese daher gerne auch wie in meinen „Elementen der höheren Mathematik" an den sonst für die Seitenzahlen bestimmten Platz gesetzt, konnte jedoch hierzu die Zustimmung der Verlagsbuchhandlung nicht erhalten. Auf Begründungen in Buchstaben habe ich soviel als möglich verzichtet, weil diese gerade im Zahlenrechnen so überaus schwerfällig ausfallen und die Gedankengänge an Zahlenbeispielen nicht minder gut hervortreten.

Mein Assistent Dr. Ludwig HOLZER hat mich bei den Korrekturen unterstützt, wofür ich ihm meinen besten Dank ausspreche.

Brünn, 21. März 1923

Dr. **Lothar SCHRUTKA.**

Inhaltsverzeichnis.

Alle Verweisungen erfolgen nach den (überall fettgedruckten) Nummern, die auf jeder Seite oben innen verzeichnet sind.

Vorwort S. V—VI.
Inhaltsverzeichnis S. VII—X.

§ 1. Allgemeine Erörterungen.
S. 1—12.

1. Eigentümliche Schwierigkeiten bei der Ausführung von Zahlenrechnungen.
2. Vorbereitungen für die Rechenarbeit. Rechenschema.
3. Ungenaue Zahlen.
4. Hauptaufgaben der Lehre vom Rechnen mit ungenauen Zahlen.
5. Formelfehler und Rechnungsfehler.
6. Hilfsmittel, insbesondere Tafelwerke.
7. Anforderungen an die Einrichtung von Tafelwerken.
8. Tafeln mit einfachem und mit doppeltem Eingang.
9. Abtrennung von Ziffern bei den Tafelwerten.
10. Rechenmaschinen und Rechenschieber.
11. Graphische Methoden.
12. Nomographie.
13. Schutz vor Rechenfehlern.
14. Aufsuchung von Fehlern.
15. Allerlei praktische Winke.

§ 2. Darstellung der Zahlen.
S. 13—19.

16. Darstellung der Zahlen in Sprache und Schrift.
17. Dezimalzahlen.
18. Gemeine Brüche.
19. Stellenwert.
20. Stellenwertbestimmung.
21. Zahlen mit vielen Nullen nebeneinander.
22. Dekadische Ergänzung.
23. Negative Ziffern.
24. Beschränkung auf die positiven und negativen Ziffern bis 5.
25. Beschränkung auf die Ziffern 1, 2 und 5.
26. Römische Ziffern.

§ 3. Ungenaue Zahlen.
S. 19—27.

27. Darstellung ungenauer Zahlen.
28. Absoluter und relativer Fehler. Genauigkeit.
29. Abgekürzte Dezimalzahlen.
30. Korrigieren.
31. Genauigkeit einer korrigierten Dezimalzahl.
32. Der zweifelhafte Fall beim Korrigieren.
33. Vergrößerung des Fehlers durch mehrmaliges Abkürzen. Bezeichnung der erhöhten Fünfer.
34. Bezeichnung aller erhöhten Ziffern.
35. Verfahren von THIELE.
36. Allgemeines über das Rechnen mit abgekürzten Dezimalzahlen.
37. Anwendung der Wahrscheinlichkeitsrechnung.
38. Approximation durch rationale Zahlen.

§ 4. Addition und Subtraktion.
S. 27—33.

39. Addition.
40. Proben für die Addition.
41. Subtraktion.

42. Proben für die Subtraktion.
43. Addition und Subtraktion von links nach rechts.
44. Berechnung von Aggregaten.
45. Addiermaschinen.
46. Addition und Subtraktion ungenauer Zahlen.
47. Besondere Mittel zur Verringerung des relativen Fehlers bei Subtraktionen.

§ 5. Multiplikation.
S. 34—50.

48. Gewöhnliches Multiplikationsverfahren.
49. Rechenvorteile beim Multiplizieren.
50. Zurückführung der Multiplikation auf Verdopplungen und Halbierungen.
51. Anwendung negativer Ziffern beim Multiplizieren.
52. Anlegung einer Vielfachentabelle.
53. Anlegung einer abgekürzten Vielfachentabelle.
54. Vielfachentafeln.
55. Die Neperschen Rechenstäbchen.
56. Die *réglettes multiplicatrices* von Génaille und Lucas.
57. Produkttafeln.
58. Anwendung der Produkttafeln bei größeren Multiplikationen.
59. Symmetrische Multiplikation.
60. Die indische Netzmethode.
61. Darstellung eines Faktors mit den Ziffern 1, 2, 5.
62. Tafeln der Viertelquadrate.
63. Andre Multiplikationstafeln mit einfachem Eingang.
64. Komplementäre Multiplikation.
65. Proben für die Multiplikation.
66. Fehlerfortpflanzung bei der Multiplikation ungenauer Zahlen.
67. Rechenmethoden für die Multiplikation ungenauer Zahlen.
68. Abschätzung des Rechnungsfehlers beim abgekürzten Multiplizieren.
69. Beispiele für die Multiplikation ungenauer Zahlen.

§ 6. Rechenmaschinen und Ihre Anwendung beim Multiplizieren.
S. 51—53.

70. Rechenmaschinen für die Multiplikation.
71. Äußere Einrichtung der Rechenmaschinen.
72. Besondere Vorrichtungen.
73. Vorteile beim Multiplizieren mit der Rechenmaschine.

§ 7. Division.
S. 54—69.

74. Gewöhnliches Divisionsverfahren.
75. Rechenvorteile beim Dividieren.
76. Anwendung negativer Ziffern beim Dividieren.
77. Crelles Divisionsverfahren.
78. Komplementäre Division.
79. Weiterrechnen mit zu großen Quotientenziffern.
80. Anlegung einer Vielfachentabelle des Divisors.
81. Anwendung der Vielfachentafeln und der Rechenstäbchen bei der Division.
82. Anwendung der Produkttafeln bei der Division.
83. Das Fouriersche Divisionsverfahren.
84. Umgehung der Division nach Cauchy.
85. Verwandlung der Division in eine Multiplikation.
86. Reziprokentafeln.
87. Zerfällung in Partialbrüche.
88. Quotiententafeln.
89. Proben für die Division.
90. Verbindung mehrerer Operationen zweiter Stufe.
91. Zerfällung in Stammbrüche.

92. Division mit der Rechenmaschine.
93. Vorteile beim Dividieren mit der Rechenmaschine.
94. Fehlerfortpflanzung bei der Division ungenauer Zahlen.
95. Rechenmethoden für die Division ungenauer Zahlen.

§ 8. Zusammengesetzte Rechenoperationen.
S. 69—75.

96. Allgemeines über die Ausführung zusammengesetzter Rechenoperationen.
97. Restproben.
98. Geeignete Moduln für Restproben.
99. Rechenprobe von CAUCHY.
100. Allgemeiner Satz über den Formelfehler.

§ 9. Potenzieren und Wurzelziehen.
S. 76—92.

101. Potenzieren.
102. Potenzieren ungenauer Zahlen.
103. Tafeln der Potenzen.
104. Ausziehung der Quadratwurzel.
105. Methode der Differenzen zur Richtigstellung der Wurzelziffern.
106. DARBOUXsche Methode der Quadratwurzelausziehung.
107. FOURIERs Methode der Quadratwurzelausziehung.
108. Abgekürztes Quadratwurzelziehen.
109. Ausziehung der Kubikwurzel.
110. Besondre Methoden für das Kubikwurzelziehen.
111. Ausziehung höherer Wurzeln.
112. Wurzelausziehung mit Hilfe der binomischen Entwicklung.
113. Beispiel für die Anwendung der binomischen Entwicklung.
114. Wurzelausziehung als Auflösung von Gleichungen.
115. Wurzelausziehung nach der NEWTONschen Näherungsmethode.
116. Wurzelausziehung nach der Regula falsi.
117. Tafeln von Wurzeln.

§ 10. Rechnerische Behandlung von Polynomen.
S. 92—101.

118. Berechnung des Wertes eines Polynoms nach HORNER.
119. Anpassung des HORNERischen Verfahrens an das Positionssystem.
120. Anwendung auf das Potenzieren.
121. HORNERs Verfahren zur Auflösung von algebraischen Gleichungen.
122. Abgekürztes HORNERisches Auflösungsverfahren.
123. Anwendung auf das Wurzelziehen.
124. Verwendung der Rechenmaschine beim HORNERischen Verfahren.
125. Auflösung quadratischer Gleichungen nach FOURIER.
126. Tafeln für Polynome.

§ 11. Logarithmen.
S. 101—117.

127. Grundeigenschaften der Logarithmen.
128. Logarithmensysteme.
129. Kennziffer und Mantisse.
130. Logarithmen negativer Zahlen.
131. Logarithmentafeln.
132. Einrichtung der Logarithmentafeln.
133. Tafeln der Antilogarithmen.
134. Interpolation.
135. Umgekehrte Interpolation.
136. Interpolationstafeln.

137. Anordnung logarithmischer Rechnungen.
138. Gemischte Rechenmethoden.
139. Vielstellige Logarithmen.
140. Tafeln der natürlichen Logarithmen.
141. Doppellogarithmen.
142. Additionslogarithmen.
143. Tafeln der Additionslogarithmen.
144. Anwendung der Additionslogarithmen auf die Interpolation von Logarithmentafeln.
145. Der logarithmische Rechenschieber.

§ 12. Winkelfunktionen und verwandte Funktionen.
S. 118—128.

146. Winkelmaße.
147. Winkelfunktionen.
148. Die Funktionen nichtspitzer Winkel.
149. Tafeln der Winkelfunktionen.
150. Tafeln für Kombinationen von Winkelfunktionen.
151. Tafeln der Logarithmen der Winkelfunktionen.
152. Hilfszahlen zur Bestimmung der Logarithmen des Sinus und des Tangens kleiner Winkel.
153. Das Rechnen mit Hilfswinkeln.
154. Auflösung der quadratischen Gleichungen mit Winkelfunktionen.
155. Auflösung der kubischen Gleichungen mit Winkelfunktionen.
156. Hyperbelfunktionen.
157. Tafeln der Hyperbelfunktionen.
158. Hyperbelamplitude.
159. Verwendung der Hyperbelfunktionen zur Ausführung von Zahlenrechnungen.

Quellenkunde S. 129—137.
Register S. 137—146.

§ I. Allgemeine Erörterungen.

I. Eigentümliche Schwierigkeiten bei der Ausführung von Zahlenrechnungen. Jeder, der zum erstenmal in die Lage kommt, eine theoretisch vollkommen durchgedachte Rechnung in einem besonderen Falle wirklich zahlenmäßig bis zum Ende durchzuführen, macht die überraschende Wahrnehmung, daß sich hierbei eigentümliche Schwierigkeiten einstellen. Nur zum geringeren Teil lassen sich diese Schwierigkeiten daraus erklären, daß hierbei fast stets, wie sogleich zu besprechen sein wird (3), ungenaue Zahlen auftreten, vielmehr scheint die Hauptursache darin zu liegen, daß die vielen kleinen und nur lose zusammenhängenden Teiloperationen, aus denen das Zahlenrechnen sich zusammensetzt, ermüden, den Sinn in Fesseln schlagen, die Übersicht über den Vorgang erschweren und so die Sicherheit des Rechners untergraben.

Es entsteht somit die Aufgabe: wie wird man dieser Schwierigkeiten Herr, wie schafft man sich die „Zuversicht

> für jene abertausend Werkeltaten,
> wie sie ein ehrenwerter Wurf· verlangt"?
>
> G. HAUPTMANN, Die versunkene Glocke, IV. Akt zu Anfang.

Zunächst ist es klar, daß beim Zahlenrechnen die Übung viel ausmacht; doch gibt es auch hier zahlreiche Fragen, die einer eingehenderen theoretischen Untersuchung wert sind. Hierbei ist auch noch zu beachten, daß je nach den Umständen einmal auf die Schnelligkeit, das andere Mal auf die Sicherheit, dann wieder auf knappe Schreibweise besonderer Wert gelegt wird.

In der Tat haben viele Mathematiker, die in der Theorie die höchsten Leistungen aufzuweisen haben, es nicht verschmäht, sich mit allen Einzelheiten des Zahlenrechnens zu befassen. Allen voran ist hier K. Fr. GAUSS zu nennen, der z. B. die Ausgleichungsrechnung nicht nur theoretisch begründet, sondern auch mit einem bis ins kleinste durchgearbeiteten Rechenschema ausgestattet hat, das bis auf den heutigen Tag in Verwendung steht.

2. Vorbereitungen für die Rechenarbeit. Rechenschema. Wer etwas umfangreichere Zahlenrechnungen durchzuführen hat, tut gut, den Gang seiner Arbeit im voraus zu überdenken und festzulegen. Man stelle ein genaues Schema der Rechnung fest. Mit großem

Vorteil wird man meist rastriertes (z. B. karriertes) Papier verwenden, um das genaue Unter- oder Nebeneinander der Ziffern zu erleichtern; am günstigsten ist eine Einteilung in rechteckige Felder, die höher als breit sind. Sehr zu empfehlen ist es auch, die gegebenen und die errechneten Zahlen in verschiedener Weise hervorzuheben.

Wiederholt sich derselbe Rechenvorgang sehr oft, so wird eine durch den Druck oder ein anderes Vervielfältigungsverfahren hergestellte Ausführung des Schemas (zweckmäßigerweise in anderer Farbe, etwa rot oder blau, damit sich die schwarze Schrift abhebt) von Nutzen sein. Ein Beispiel sind die Rechenformulare der Vermessungsämter. Aber auch sonst ist es recht zweckmäßig, die schriftliche Anlage des Schemas vor der wirklichen Ausführung der Rechnungen vorzunehmen. Man teilt auf diese Weise die Arbeit und hat den Vorteil, bei der eigentlichen Rechnung nicht weiter abgelenkt zu werden. Mancher Verwechslung von Zahlen und dgl. kann auf diese Art vorgebeugt werden.

Ein solches ausgeführtes Rechenschema kann die Operationszeichen, die Summations- und Multiplikationsstriche, ferner Summanden und Faktoren, die bei jeder Einzelrechnung dieselben bleiben, endlich die Benennungen enthalten.

Überhaupt ist man Störungen, namentlich Flüchtigkeitsfehlern, beim Rechnen um so weniger ausgesetzt, je mehr die Rechnung mechanisch vor sich geht. Man wird daher einem Verfahren, das man gut kennt, zuweilen vor einem weniger bekannten den Vorzug geben, auch wenn es etwas mühsamer ist. Nur wenn man eine sehr große Zahl von Rechnungen auszuführen hat, wird auch die Einübung eines neuen Verfahrens nützlich sein können.

Daneben kann nicht in Abrede gestellt werden, daß die Wahrnehmung besonderer Umstände der einzelnen Rechenaufgabe und deren Verwertung zur Erleichterung der Arbeit (Rechenvorteile) sehr anregend zu wirken und den durch das Einerlei der Rechnungen abgestumpften Geist wieder aufzufrischen vermag.

The labour we delight in physics pain
Die Arbeit, die uns freut, hebt auf die Müh'.

SHAKESPEARE, Macbeth, II. Akt, 3. Szene; übersetzt von Dorothea TIECK, II. Akt, 2. Szene.

Es ist sehr zweckmäßig, die immer wieder vorkommenden Konstanten und Formeln recht bequem, etwa auf Kartonblättern, zur Hand zu haben.

3. Ungenaue Zahlen. Die bei den Zahlenrechnungen auftretenden Zahlen sind, wie schon angedeutet (1), in den meisten Fällen nicht genau angebbar, sondern entweder, wie Logarithmen, Quadrat-, Kubik- und höhere Wurzeln, allgemeine Wurzeln von Gleichungen, Winkelfunktionen, zwar theoretisch mit jedem beliebigen

Grad der Annäherung berechenbar, in der Praxis aber doch nur mit einer beschränkten Genauigkeit anwendbar oder wie alle Zahlen, die aus Messungen oder Beobachtungen hervorgegangen sind, von vornherein nur mit einer gewissen Genauigkeit bestimmbar. Statt mit Zahlenangaben hat man es also mit Spielräumen zu tun. In der Regel wird ein diesem Spielraum angehöriger Wert als **Näherungswert** eingeführt und die Abweichung des wahren Werts von diesem als **Fehler** bezeichnet. Die Größe des Fehlers ist nach dem Gesagten nicht bekannt, aber man kann sie in Schranken einschließen.

4. Hauptaufgaben der Lehre vom Rechnen mit ungenauen Zahlen. Wird mit ungenauen Zahlen eine Rechnung durchgeführt, so haftet auch dem Ergebnis eine Unsicherheit an. Man nennt dies die **Fehlerfortpflanzung**. Hier ist nun die Aufgabe zu lösen, welche Schlüsse aus den Fehlern der Daten auf die Fehler der Ergebnisse gezogen werden können. Häufig ist auch die **Umkehrung** dieser Aufgabe zu lösen, nämlich, wie genau die Daten sein müssen, damit das Ergebnis eine gewisse vorgeschriebene Genauigkeit aufweise. Diese umgekehrte Aufgabe ist offenbar, wenn mehr als eine ungenaue Zahl in die Rechnung eintritt, bis zu einem gewissen Grade unbestimmt, da manchmal die genauere Bestimmung der einen Zahl die ungenauere Bestimmung einer anderen auszugleichen vermag.

Als **Nebenaufgabe** ergibt sich zuweilen die Frage, welche unter mehreren, bei genauen Zahlen gleichwertigen, Rechenweisen die günstigsten Genauigkeitsverhältnisse beim Ergebnis aufweist. In dieser Hinsicht gilt allgemein, daß man anzustreben hat, so weit als möglich von stark veränderlichen Größen zu schwächer veränderlichen überzugehen und nicht umgekehrt.

Die Einführung der Näherungswerte (3) geschieht deshalb, weil sie, wie sich herausstellt, die einfachste Berechnung der Spielräume für die Rechnungsergebnisse liefern; es ist vorteilhafter, die Schranken für die Fehler der Ergebnisse zu berechnen, als direkt mit den Spielräumen zu rechnen; man macht die Ergebnisse der **Präzisionsmathematik**, des Teiles der Mathematik, der sich nur mit genauen Zahlen befaßt, dem Rechnen mit ungenauen Zahlen, der **Approximationsmathematik**, dienstbar.

5. Formelfehler und Rechnungsfehler. Zu dem Fehler, der von der Ungenauigkeit der Daten herrührt und etwa mit J. Lüroth (**I**, § 29) **Formelfehler** genannt werden möge, kommt noch in den allermeisten Fällen ein Fehler, der **Rechnungsfehler**, dadurch, daß die Durchführung der Rechnung selbst zwar mit beliebiger Annäherung, aber nicht mit voller Genauigkeit möglich ist. In der Tat ist die volle Genauigkeit nur bei den direkten Operationen, Addition, Multiplikation und Potenzierung, ferner auch noch bei der Subtraktion immer (es sei denn, daß eine bestimmte Forderung betreffend die Gestalt des Ergebnisses gestellt wird, vgl. 36), bei allen anderen Operationen dagegen nur ausnahmsweise zu erreichen und dies gilt sogar für den Fall, daß bei der Rechnung von lauter genauen Zahlen ausgegangen wird.

Hieraus erklärt sich, daß es nur bei den genannten Operationen vorteilhaft ist, die Rechnung mit genauen Zahlen für sich zu behandeln.

Formelfehler und Rechnungsfehler verhalten sich also darin verschieden, daß der Formelfehler von der Genauigkeit der Daten abhängt, der Rechnungsfehler dagegen durch Weiterführung der Rechnung herabgedrückt werden kann. Würde man nun die Rechnung so einrichten, daß der Rechnungsfehler einen beträchtlichen Bruchteil des Formelfehlers ausmachen oder diesen gar übertreffen kann, so wäre offenbar die Genauigkeit der Daten nicht ausgenützt; umgekehrt wäre es aber wieder nicht angebracht, etwa durch mühsame Rechenoperationen, den Rechnungsfehler so einzuengen, daß er einen kaum bemerkbaren Zuschlag zum Formelfehler bildet. Es wird daher Sache des Rechners sein, zwischen der Mehrarbeit, die durch genauere Rechnung entsteht, und der unvermeidlichen Vergrößerung des Spielraums für den Gesamtfehler einen Ausgleich zu schaffen. Es ist da üblich, die Schranken für den Rechnungsfehler mit dem zehnten Teil der Schranken für den Formelfehler anzusetzen; eine Maßregel, die offenbar unserem Zahlensystem angepaßt ist. In der Tat dürfte eine Erhöhung der Unsicherheit des Ergebnisses um ein Zehntel ihres Betrages in den meisten Fällen ohne besondere Bedeutung sein. Kann man dieses Verhältnis nicht genau einhalten, so wird man wohl in der Regel den Rechnungsfehler eher noch weiter verkleinern, als eine Vergrößerung auf einen größeren Betrag als den zehnten Teil des Formelfehlers zulassen.

Jedenfalls ist es unwirtschaftlich, ganze Reihen von Ziffern in der Rechnung mitzuschleppen, von denen schon die ersten unsicher sind.

J. PERRY geht sogar so weit, diesen Vorgang als unehrenhaft zu bezeichnen; vgl. HAMMER II, Anm. [7]), S. 603.

6. Hilfsmittel, insbesondere Tafelwerke.

Um nicht schon getane Arbeit zu wiederholen, oder ohne Not mühevolle Wege zu beschreiten, verschaffe man sich Kenntnis über alle Vorarbeiten und Hilfsmittel, die einem für eine Rechenarbeit zu Gebote stehen. An solchen kommen hier neben theoretischen Untersuchungen und mechanischen Hilfsmitteln (Instrumente und Maschinen) vornehmlich Tafelwerke in Betracht. Die praktische Ausnützung mancher Gedanken, z. B. der Erfindung der Logarithmen, ist an das Vorhandensein von Tafeln gebunden. Es wird kaum vorkommen, daß man bei Zahlenrechnungen nicht Gelegenheit hätte, aus dem Vorrat von Rechenergebnissen, der in den Tafelwerken aufgespeichert ist, zu schöpfen.

Hierbei hat man allerdings in Betracht zu ziehen, daß solche Tafelwerke wie jedes menschliche Erzeugnis Fehler enthalten können. Durch längeren Gebrauch werden sie in der Regel aufgefunden, so daß die neueren Auflagen der gebräuchlichen Tafeln als fehlerfrei gelten können, vorausgesetzt natürlich, daß sie stereotypiert sind, da sonst Druckfehler zu befürchten wären. Bevor man ein Tafelwerk in Gebrauch nimmt, verbessere man alle bekannt gewordenen Fehler, soweit sie in beigegebenen Verzeichnissen, in Besprechungen oder anderswo zusammengestellt sind. Bei Benutzung neuerer und namentlich weniger häufig gebrauchter Werke wird dagegen Vorsicht am Platze sein. Man wird die Angaben einer solchen Tafel nach Möglichkeit überprüfen. Manche Fehler, namentlich Druckfehler, lassen sich oft schon durch Vergleichung einer Zahl aus der Tafel mit den darin benachbarten entdecken.

In manchen Fällen wird es sich auch lohnen, für einen bestimmten Rechenvorgang, der oft wiederkehrt, selbst kleine Tafeln vorzubereiten (vgl. z. B. **52, 53, 80**). Der Vorteil besteht darin, daß für die Berechnung ganzer Serien von Ergebnissen manche Erleichterung und Abkürzung möglich ist, so daß man an Rechenarbeit spart, selbst wenn der eine oder der andere der berechneten Werte nicht wirklich verwendet wird.

7. Anforderungen an die Einrichtung von Tafelwerken. Der ausgiebige Gebrauch der bei Zahlenrechnungen von Tafelwerken gemacht wird, hat dazu geführt, die Anforderungen, die an die äußere und die innere Einrichtung solcher Tafelwerke gemacht werden, ziemlich genau festzustellen. Insbesondere hat sich schon BABBAGE (**I**, S. VII—XI) hiermit eingehend beschäftigt und zwölf Regeln hierüber aufgestellt.

Ein Tafelwerk soll, um bequem benutzbar zu sein, **nicht zu schwer**, daher auch jedenfalls **nicht zu groß** sein. Ein großes Lexikonformat wird für gewöhnlich die obere Grenze sein. Die Lettern sollen nicht zu klein, für die Haupttafel in der Regel nicht unter Petitschrift, die Zwischenräume in wagrechter und senkrechter Richtung (Spatien und Durchschüsse) nicht zu klein und nicht zu groß sein.

Um Zeilen und Spalten mit dem Auge verfolgen zu können, sind **Trennungslinien** oder **Zwischenräume** notwendig. Die Spalten gliedert man am besten durch Trennungslinien zwischen je zweien, die BABBAGE (**1**, S. VII) nicht in der Mitte, sondern näher an der linken Spalte wünscht, die Zeilen dagegen durch Zwischenräume (Durchschüsse) allein, oder durch beide Mittel, wobei die Trennungslinien die größeren Gruppen kennzeichnen. Gruppen von drei bis fünf Zeilen können ohne Gliederung bleiben. Sind zehn Zeilen zu gliedern, so kann man sie in zwei Gruppen von je fünf teilen, übersichtlicher ist es aber, nach dem Verfahren von BREMIKER (zuerst in **I**) die der vollen Zehnerzahl entsprechende hervorzuheben und die übrigen neun in drei Gruppen von je drei zu teilen. Sind zehn Spalten zu gliedern, so ist es am besten, die der Ziffer 5 entsprechende hervorzuheben; eine bloße Teilung in zwei Gruppen zu je fünf ist wenig zweckmäßig, weil manchmal die eine Gruppe von 0 bis 4, die andere von 5 bis 9, manchmal wieder die eine von 1 bis 5, die andere von 6 bis 0 reicht und hierdurch Unsicherheit entsteht.

Das Papier sei hell weiß, der Druck genügend schwarz, doch beide nicht glänzend, um die Augen des Benützers zu schonen.

Abweichend hiervon tritt BABBAGE **I**, S. XI für farbiges z. B. gelbes Papier ein.

Ein Durchschlagen des Druckes durch das Papier, sowie ein Abklatsch des Druckes auf der gegenüberliegenden Seite muß unbedingt vermieden werden.

Ob die gleichhohen oder die verschieden hohen (mediävalen) Ziffern (wie sie z. B. in Frankreich allein üblich sind) den Vorzug verdienen, ist eine strittige Frage. Für die gleichhohen wird das ruhige Seitenbild und die Ersparnis an Raum bei gleicher Größe, für die ungleichhohen die leichtere Lesbarkeit ins Treffen geführt.*)

Die Übersichtlichkeit wird gefördert, wenn alle Seiten gleiche Druckbilder aufweisen, die Tafeleingänge (8) klar und deutlich sind und alles überflüssige Beiwerk vermieden ist.

Man ist sogar so weit gegangen, die Weglassung der Seitenzahlen, die allerdings bei einem einheitlichen Tafelwerk entbehrlich sind, zu verlangen.

Dasjenige, was beim Nachschlagen zuerst zu beachten ist, soll auch entsprechend ins Auge fallen. Das Weglassen von immer wiederkehrenden Ziffern ist nur mit Maß anzuwenden, soweit das Druckbild dadurch gegliedert wird, darüber hinaus ergibt sich leicht eine Behinderung beim Nachsuchen.

Wünschenswert ist es, die Angaben, die das Ende einer Seite bilden, zu Beginn der nächsten Seite zu wiederholen.

Enthält ein Werk verschiedene Tafeln, so sollen diese sich so deutlich unterscheiden, daß eine Verwechslung nicht vorkommen kann.

Im allgemeinen soll ein Tafelwerk für sich allein ausreichen, also weder ein weiteres Tafelwerk, noch umständliche, namentlich schriftliche, Nebenrechnungen erforderlich machen. Doch wird man

---

*) Ich stehe nicht an, auszusprechen, daß ich persönlich durchaus für die gleichhohen Ziffern eintrete. Das vornehme, ruhige, dem Auge wohltuende Bild einer Seite der Logarithmentafel von SCHRÖN **I** oder der von GREVE **I** erstickt in mir jeden Zweifel in dieser Frage.

betreffend die Anwendung von Produkttafeln oder des Rechenschiebers beim Interpolieren (134) eine Ausnahme machen. Dagegen ist die Notwendigkeit höherer Interpolationen eine bedeutende Erschwerung. Sind Hilfstafeln unentbehrlich, so sollten sie, wenn möglich, auf derselben Seite wie die Haupttafel Platz finden. Gehören sie zu mehreren Seiten der Haupttafel, so können sie auf einem herauszuklappenden Blatt oder in einem Beiheft enthalten sein. Überhaupt sollte die Notwendigkeit des Blätterns im Tafelwerke soweit als möglich eingeschränkt sein. Zur raschen Auffindung der gesuchten Seite sind die hie und da angewandten Registerzettel (Ausschnitte oder vorstehende Blättchen) sehr förderlich.

8. Tafeln mit einfachem und mit doppeltem Eingang. Je nachdem die Zahlen einer Tafel von einer oder von zwei Veränderlichen abhängen, hat man es mit einer Tafel mit einfachem oder mit doppeltem Eingang zu tun. Doch werden häufig auch Funktionen einer Veränderlichen so tabuliert, daß ein doppelter Eingang gewählt wird, indem nämlich die Ziffern dieser Veränderlichen in zwei Gruppen geteilt werden; die zweite Gruppe wird von der letzten, selten von den zwei letzten, Ziffern oder von der Anzahl der Minuten oder Sekunden gebildet und läuft in einer Zeile oder Spalte von 0 bis 9, 99 oder 59. Solche Tafeln mit künstlichem doppeltem Eingang sind meistens bequemer in der Benützung als Tafeln mit einfachem Eingang.

Um beim Nachschlagen in solchen Tafeln die Zeile nicht zu verlieren, ist es zweckmäßig, mit dem kleinen Finger der linken Hand den linken Eingang, mit dem Zeigefinger die in Betracht kommende Stelle der Zeile festzuhalten.

Tafeln mit künstlichen doppelten Eingängen hat bereits H. Bürgi 1620 angewendet; der Name doppelter Eingang stammt von Regiomontanus (Joh. Müller, 1464).

M. Heinrich I und H. Lötzbeyer I haben in ihren Schultafeln zunächst in Spalten und diese erst nebeneinander geordnet, ferner ordnen sie die Zahlen in den Spalten von unten nach oben, um die Bildung der Differenzen zu erleichtern, indem dann (bei den steigenden Funktionen, die die Mehrheit bilden) der größere Wert über dem kleineren steht.

9. Abtrennung von Ziffern bei den Tafelwerten. Sehr häufig werden bei Tafeln mit künstlichem doppeltem Eingang eine oder mehrere Anfangsziffern, die in einer oder mehreren Zeilen dieselben bleiben, abgetrennt und nur am Anfang angegeben. Hierdurch wird an Platz und an Übersichtlichkeit gewonnen. Da nun aber die Anfangsziffern nur ausnahmsweise am Ende der Zeile wechseln, so ist ein Zeichen notwendig, um den Wechsel innerhalb der Zeile anzuzeigen. Man pflegt die erste nicht abgetrennte Ziffer derjenigen Werte, die schon mit der nächsten Zifferngruppe zu verknüpfen sind — bei steigenden Funktionen 0 (allenfalls 1, 2 usw.), bei fallenden

9 (allenfalls 8, 7 usw.) —, mit einem Zeichen: Querstrich, Stern u. dgl. zu versehen.

Ausnahmsweise findet sich an Stelle der Ziffer Null mit einem Querstrich das Zeichen ◆, das arabische Nokta = Punkt, ähnlich dem arabischen Zeichen ◆ für Null, im Englischen *black diamond*, schwarze Raute oder schwarzes Karo genannt. In älteren Tafeln, z. B. CALLET **I**, wurden in solchen Fällen die Zeilen in zwei zerlegt, ein Verfahren, das gegen die Gleichmäßigkeit der Anordnung aller Seiten verstößt.

Auch bei einfachem Eingang werden manchmal die Anfangsziffern nicht wiederholt, der Ersparnis beim Satz und der Übersicht wegen. Platz wird nur gewonnen, wenn die abgetrennten Ziffern in den Kopf der Spalte aufgenommen werden; in diesem Fall muß der Wechsel wieder durch ein besonderes Zeichen angezeigt werden (z. B. BAUSCHINGER-PETERS **I**, 2. Band).

In manchen Fällen kann (aus zahlentheoretischen Gründen) eine Abtrennung von Schlußziffern stattfinden, z. B. bei Multiplikationstafeln.

In seltenen Fällen kommt sogar eine Trennung der Tafelwerte in drei Bestandteile vor, so z. B. bei BLATER **I**, BOJKO **I**.

10. Rechenmaschinen und Rechenschieber. Sehr wertvolle Dienste leisten beim Zahlenrechnen die mechanischen Hilfsmittel. Zum Teil liefern sie für bestimmte einfache Rechnungsarten das Ergebnis in der Ziffernschrift (Rechenmaschinen), teils gestatten sie die Ablesung der Ergebnisse bestimmter Verknüpfungen an gewissen einfachen geometrischen Gebilden (Rechenschieber und ähnliche Instrumente).

Von beiden Arten von Hilfsmitteln wird an den einschlägigen Stellen zu sprechen sein (Rechenmaschinen: **55, 56, 70—73, 92, 93, 124**; Rechenschieber: **145**).

11. Graphische Methoden. In den letzten Jahrzehnten haben, anknüpfend an gewisse Methoden der Statik (graphische Statik), graphische Methoden für die Ausführung gewisser Rechnungen Verbreitung gefunden.

Die graphischen Methoden sind oft bequemer, immer übersichtlicher als die numerischen, nur sind sie in der Genauigkeit beschränkt, auch ist ihre Genauigkeit nicht leicht abzuschätzen. Sehr häufig bilden die graphischen Methoden eine wertvolle Vorarbeit für die Zahlenrechnungen.

Über graphische Methoden sehe man CREMONA **I**; CULMANN **I**, S. 3 bis 74; Encyclopédie **I**, S. 325—357; Enzyklopädie **I**, S. 1006—1024; FAVARO-TERRIER **I**; MEHMKE **II**; NEUENDORF **I**; PRÖLSZ **I**; RUNGE **I**; WERKMEISTER **I**, S. 91—133.

12. Nomographie. Wie manche Serien von Ergebnissen von Zahlenrechnungen in Tafeln gesammelt sind, so lassen sie sich in bestimmten Fällen auch graphisch niederlegen, wie dies in der sogenannten Nomographie gelehrt wird. Man nennt eine derartige „graphische Tafel" meist Nomogramm, auch Abakus oder Rechenbild.

Näheres über Nomographie enthält: Encyclopédie **I**, S. 357—410; Enzyklopädie **I**, S. 1024–1052; d'Ocagne **I, III, IV, V**; Schilling **I**; Werkmeister **I**, S. 54—60; Schrutka **VI**.

13. Schutz vor Rechenfehlern. Unter Fehlern sind hier, abweichend von **4, 5**, Abweichungen vom richtigen Ergebnis (Rechenfehler) gemeint, die nicht von unvermeidlichen Ungenauigkeiten herrühren, sondern durch Irrtümer bei der Ausführung der Rechnungen entstehen und durch genügende Aufmerksamkeit vermieden werden könnten.

Um sich vor derlei Rechenfehlern soviel als möglich zu schützen, überprüfe man die Angaben jedesmal genau und verschaffe sie sich, wenn es möglich ist, aus mehr als einer Quelle;

„durch zweier Zeugen Mund
wird allerwegs die Wahrheit kund"
Goethe, Faust I. Teil; Der Nachbarin Haus.

Man wiederhole die Rechnungen entweder selbst, womöglich in andrer Anordnung oder wenigstens erst nach Verlauf einer gewissen Zeit oder lasse sie, was noch besser ist, von jemand anderm prüfen. In diesem Fall tut man gut, auch kleinere Nebenrechnungen auf dem Papier zu machen und die Bedeutung jeder Zahl genau anzugeben.

Auch der Umstand, daß zwischen den Ergebnissen gewisse einfache Beziehungen bestehen müssen, läßt sich für die Überprüfung verwerten (Rechenproben). Werden die Rechnungen nicht mit voller Genauigkeit geführt (3), so wird man hier auch nur eine ungefähre Übereinstimmung verlangen dürfen.

Wer gewohnt ist, die Bedeutung der in der Rechnung auftretenden Zahlen stets gegenwärtig zu haben, wird oft imstande sein, ein Ergebnis an seiner allzu starken Abweichung von dem zu erwartenden Wert als unrichtig zu erkennen. Eine rohe Überschlagsrechnung im Kopf kann ebenfalls von Nutzen sein.

Ebenso wird man daraus, daß Rechnungen mit wenig voneinander verschiedenen Daten auch Ergebnisse liefern müssen, die nicht sehr voneinander abweichen, Nutzen für die Überprüfung ziehen. Es wird bequem sein, solche Rechnungen gleich unmittelbar hintereinander zu machen. Hierbei ist es sehr zu empfehlen, jeden Wechsel in den Vorzeichen solange als möglich hinauszuschieben.

Von Proben für die einzelnen Rechnungsarten wird bei diesen die Rede sein.

Man beachte, daß manche Proben schon bei kleinen Fehlern der Rechnung schlecht stimmen, andre wieder nur größere Rechenfehler anzeigen; beide Arten sind wenig günstig.

14. Aufsuchung von Fehlern. Stimmt irgendeine Probe nicht, so ist sicher ein Fehler in der Rechnung vorgekommen, wenn nicht — eine Möglichkeit, die man nicht übersehen möge — die Proberechnung selbst unrichtig ist.

Es entsteht nun die Aufgabe, den Rechenfehler aufzufinden.

Handelt es sich um eine längere Rechnung, so kann man diejenigen Teile nachprüfen, in denen man sich erfahrungsgemäß am leichtesten irrt. Ist die Abweichung sehr klein, so kann man es zunächst mit einer Überprüfung der letzten Dezimalstellen versuchen.

Hilft dies nichts, so muß die Rechnung wiederholt werden. Dabei ist es unzweckmäßig, die Rechnung zu überprüfen, indem man die niedergeschriebenen Zahlenreihen verfolgt, weil man so leicht in denselben Fehler verfällt; vielmehr mache man eine neue Rechnung auf einem neuen Blatt, ohne das alte anzusehen.

Man hat vorgeschlagen, die Nachrechnung, wenn es möglich ist, in umgekehrter Ordnung zu machen, mit dem letzten Teil zu beginnen und immer weiter zurückzugehen. Ist der Fehler gegen Ende gemacht worden, so gewinnt man dadurch, ist er dagegen am Anfang vorgekommen, so verliert man, so daß im Durchschnitt kein Vorteil aus dieser Maßregel zu erwarten ist.

Findet man auf diese Weise den Rechenfehler nicht, so rechne man nach einem andern Verfahren, oder warte mit der Wiederholung einige Tage oder lasse die Rechnung von jemand anderm wiederholen. Führt dies alles nicht zur Auffindung des Fehlers, so ist der Verdacht auf einen Fehler in den benützten Tafeln oder sonstigen Hilfsmitteln oder in den Beobachtungen, wenn solche mitverwendet worden sind, begründet.

Fehler, die **häufig vorkommen**, sind: Verwechslung von Ziffern, Vertauschung von Nachbarziffern (namentlich bei der deutschen Art, Zahlen auszusprechen, s. 16), falsche Stellung des Dezimalzeichens, Verwechslung der Zeilen beim Ablesen aus Tabellen, Vermengung der Sechzig- mit der Zehn- oder Hundertteilung, Vorzeichenfehler, Verwechslung von Rechnungsarten, z. B. von Addition und Subtraktion beim Interpolieren.

In manchen Fällen läßt der Betrag der Abweichung zwischen den verschiedenen Ergebnissen einer mehrmals ausgeführten Rechnung einen Schluß auf die Art des Fehlers zu. Erhält man z. B. bei einer algebraischen Summe zwei Ergebnisse, deren Unterschied (ungefähr) das Doppelte eines der Glieder ausmacht, so könnte der Rechenfehler in einem Irrtum beim Vorzeichen dieses Gliedes bestehen.

15. Allerlei praktische Winke. Man rechne auf Blättern, die weder zu klein sind, damit nicht die Übersicht über die ganze Rechnung leide, noch auch zu groß, damit sie nicht unbequem werden. Ein Maß anzugeben ist wohl nicht möglich, da die Verschiedenheiten der Sehschärfe, der Schriftgröße, der Geschicklichkeit der Hand usw. allzugroß sind. Ein Blatt in Kanzleiformat (21 cm · 32 cm) darf wohl schon als ziemlich groß gelten. Die Blätter sollen, der Aufbewahrung wegen, gleich groß sein; bei längeren Rechnungen wird es gut sein, sie zu numerieren. Es empfiehlt sich, die Blätter nur auf einer Seite zu beschreiben.

Kleine Nebenrechnungen wird man wohl manchmal auf Zetteln machen, die man nicht aufbewahrt; es ist aber dabei die Frage der Nachprüfung (13) im Auge zu behalten. Eine ähnliche Bemerkung gilt für Kopfrechnungen. In zweifelhaften Fällen ist es besser, die Rechnungen auf dem Hauptblatt zu machen.

Wichtig ist es, ein kleineres, bewegliches Blatt (Schiebzettel, Laufzettel) zur Hand zu haben, auf dessen Rand einzelne Zahlen geschrieben werden können, um sie leichter arithmetischen Operationen unterwerfen zu können, ohne sie immer wieder abschreiben zu müssen (s. **52, 59, 61, 83**). Dabei achte man darauf, daß die Abstände der Ziffern voneinander auf allen Blättern gleich seien. Recht bequem ist da ein Streifen, der gerade eine Zeile faßt, weil die Zahlen dann an zwei Rändern stehen. Auch kann man, wenn man zwei Zahlen, die an verschiedenen Stellen des Blattes stehen, zu verknüpfen hat, alle dazwischenstehenden durch ein Papierblatt oder nach dem Vorschlag von BOCCARDI (I, chap. VII) durch ein oder mehrere Holzleistchen verdecken.

Übrigens ist es oft möglich, die Rechenmethoden so abzuändern, daß das Abschreiben der Zahlen ganz oder zum Teil vermieden wird.

Beim Abschreiben von Zahlen oder Zahlenreihen tut man gut, im Vorbild durch kleine Striche oder durch ein bewegliches Merkzeichen zu bezeichnen, wie weit man gekommen ist. Hat man längere Zahlenreihen abzuschreiben, so kann man, um keine zu übergehen, zuerst die zu besetzenden Plätze in der richtigen Zahl vorbereiten, auch etwa in der zweiten Hälfte von rechts beginnen, um bei einer Auslassung weniger Schaden zu haben.

Die Überprüfung einer Abschrift geschieht am bequemsten zu zweit, indem einer das Vorbild abliest und der andre die Abschrift verfolgt, oder umgekehrt. Dabei soll die Abschrift nicht der Schreiber, sondern der Gehilfe zur Hand nehmen, weil ein Fremder ein strengerer Richter für Undeutlichkeiten in der Schrift ist. Fehlt die Gelegenheit dazu, so kann man, um nicht immerfort hin und her blicken zu müssen, Vorbild oder Abschrift dergestalt falten, daß die gleichen Zahlen unmittelbar nebeneinander oder übereinander gehalten werden können.

Ist mehr als eine Abschrift notwendig, so gehe man jedesmal auf die ursprüngliche Quelle, nicht auf eine andere Abschrift zurück.

Sehr vorteilhaft ist es, wenn man statt Abschriften mechanische Vervielfältigungen anwenden kann, etwa Durchschläge, Durchschriften oder Lichtpausen.

Will man Zahlen von besonderer Wichtigkeit hervorheben, so kann dies durch Unterstreichen mit Tinte oder Farbstift oder durch andersfarbige Tinte geschehen. Wer eine sehr gleichförmige Schrift hat, könnte wohl auch größere Ziffern anwenden. Umgekehrt finden kleine Ziffern Anwendung, um minder wichtige oder minder sichere Stellen zu kennzeichnen. Weicht eine Rechnung von einer vorhergehenden wenig ab, so kann man, um an Schreibarbeit zu sparen, nur die abweichenden Ziffern mit andersfarbiger Tinte beisetzen (z. B. bei der Verbesserung von kleinen Fehlern, s. 14).

Man sei nicht zu sparsam mit Proben. Längere Rechnungen überprüfe man gleich abschnittsweise, damit nicht durch Weiterverwendung eines unrichtigen Zwischenergebnisses Arbeit vergeudet werde.

Manche Fehler werden leichter vermieden, wenn man mechanisch rechnet. Aus diesem Grunde ist es günstig, Rechnungen derselben Art in einem Zuge hintereinander zu machen; doch vermeide man jede Übermüdung. Es wirkt andrerseits wieder ermunternd auf den Rechner, einen Teil der Rechnung vollständig abgeschlossen zu haben.

Eine in Hast ausgeführte Rechenarbeit ist Fehlern in sehr hohem Grade ausgesetzt; oft kostet dann die Verbesserung der Fehler viel mehr Zeit, als man zu ersparen hoffte; darum: Eile mit Weile. Andrerseits kann auch allzu große Bedächtigkeit gewisse Fehler befördern.

Man kann zu Anfang, bei frischen Sinnen, die schwierigeren und nachher die mehr mechanischen Rechnungen vornehmen.

Um sich eine Zahl für kurze Zeit, etwa für das Eingehen in eine Tafel, leichter zu merken, kann man sie laut aussprechen.

Hat man aus einer Tafel mehrere Angaben, die an derselben Stelle enthalten sind, zu entnehmen, so tue man dies auf einmal, um nicht mehrmals nachblättern zu müssen.

Sind die theoretischen Grundlagen einer Rechnung nicht gar zu einfach, so überprüfe man sie, indem man eine Musterrechnung, womöglich mit einfachen Daten und bekanntem Ergebnis, durchführt.

Hat man eine Rechnung falsch gemacht und dann die richtige an ihre Stelle gesetzt, so vernichte man die falsche, damit man nicht aus Versehen auf ihr Ergebnis zurückgreife.

§ 2. Darstellung der Zahlen.

16. Darstellung der Zahlen in Sprache und Schrift. Wie bekannt, sind die Ausdrücke für die Zahlen in allen Kultursprachen auf das Dezimal- oder dekadische System gegründet, ebenso ihre schriftliche Darstellung, die überdies allen Kulturvölkern gemeinsam ist.

Die Frage, ob die Zahl 10 als Grundzahl des Zahlensystems den Vorzug vor allen andern verdient, ist öfters aufgeworfen und wohl einstimmig verneint worden. Dagegen herrscht wenig Übereinstimmung darüber, welche andere Grundzahl denn die vorteilhafteste wäre; 12, dann 6, 8, 16, 4 sind vorgeschlagen worden. An eine wirkliche Durchführung einer so einschneidenden Abänderung ist wohl trotz einzelner Vorschläge kaum zu denken, so daß diese Erörterungen rein akademischer Art sind.

Vielstellige Zahlen teilt man zur Übersicht gern in Gruppen von je 3 (oder 5) Ziffern, besondere Teilungszeichen jedoch sind dabei, wenigstens bei den wissenschaftlichen Rechnern, kaum im Gebrauch.

Die schulmäßige Art, Zahlen auszusprechen, hat heute im gewöhnlichen Leben wie auch unter den wissenschaftlichen Rechnern sehr an Boden verloren. Man pflegt vielmehr die Ziffern der Reihe nach zu nennen oder noch häufiger in der Weise, wie es bei den Fernsprechnummern üblich ist, Paare von Ziffern zu zweistelligen Zahlen zusammenzufassen.

Entstanden ist diese Abkürzung wohl so, daß man zunächst die Namen der höheren dekadischen Einheiten (Potenzen von 10) von hundert an unterdrückte, z. B. 95 728 kurz „fünfundneunzig, sieben, achtundzwanzig" las, dann aber auch andere Paare zusammenfaßte, z. B. 3513 mit „fünfunddreißig, dreizehn" wiedergab usw.

Kommen in der Zahl mehrere Nullen nebeneinander vor, so wird diese Art des Aussprechens besser zu vermeiden sein, z. B. bei 3007, 21 800 u. dgl. Eine Null, die für sich eine Gruppe bildet, muß genannt werden, z. B. in 36 017. Ferner muß man bei einer Zahl wie 36 410 das Wort hundert nennen, um eine Verwechslung mit 3614 zu vermeiden.

Daß die deutsche Art, Zahlen auszusprechen, wegen der Voranstellung der Einer vor die Zehner sehr ungünstig ist und Vertauschungen von Ziffern geradezu befördert, ist schon öfter beklagt worden (s. z. B. A. Höfler, Didaktik des math. Unterrichts, Leipzig und Berlin 1910, § 8, S. 66); es hat sich auch z. B. im Geldverkehr die Gewohnheit eingebürgert, die Beträge, wenn sie in Buchstaben niedergeschrieben werden, in der Form wie „dreißigsieben" u. dgl. anzugeben.

17. Dezimalzahlen. Handelt es sich um Zahlen mit Dezimalstellen, so muß angegeben werden, wo diese beginnen; hierzu dient in Deutschland und in Frankreich der Beistrich (Dezimalkomma), in Österreich und in England der hochgestellte Punkt (Dezimalpunkt). Auch der Punkt auf der Zeile kommt vor. Sind keine ganzen Stellen vorhanden, so wird eine Null gesetzt, außer in England. Es ergibt sich demnach für $\tfrac{1}{2}$ die Schreibweise 0,5 oder 0˙5 oder ˙5 oder 0.5. Gelesen wird das Zeichen entweder mit seinem Namen: „Komma", „Punkt" oder als „Ganze".

Der hochgestellte Punkt, verdient wohl den Vorzug vor den andern Zeichen, weil er sonst keine Verwendung findet, während der Beistrich auch zur Trennung von nebeneinanderstehenden Zahlen, der Punkt auf oder etwas über der Zeile auch als Multiplikationszeichen dient.*)

Viele Autoren in Deutschland verwenden nach dem Vorgang von Pross, Baur, Schoder bei Logarithmen den Punkt auf der Zeile statt des Kommas, um Logarithmen gleich als solche kenntlich zu machen (siehe z. B. Hammer II, Anm. [9]), S. 604). Logisch einwandfrei ist das Verfahren nicht, weil es keine Eigenschaft einer Zahl ist, ein Logarithmus zu sein, sondern nur eine Art, sie zu verwenden. In der Praxis ist freilich ein solches Bedenken ohne Bedeutung.

Bei Dezimalzahlen herrscht noch mehr als bei ganzen Zahlen die Gewohnheit, die Ziffern einzeln oder in Gruppen von zweien abzulesen, z. B. 0˙025 als „null Ganze, null, zwei, fünf" oder „null Ganze, null fünfundzwanzig".

In gewissem Sinne wäre als Dezimalzeichen ein Zeichen an oder über den Einern günstiger, weil dann gewisse Symmetrien im Stellenwert zwischen Zehnern und Zehnteln, Hunderten und Hundertsteln usw. besser hervorträten.

18. Gemeine Brüche. Viel seltener als die Dezimalbrüche treten die gemeinen Brüche beim Rechnen auf. Doch haben sie immerhin ihre Vorzüge, da sie, von gewissen Ausnahmen abgesehen, nur mit Verlust an Genauigkeit in Dezimalbrüche übergeführt werden können. In der Tat entstehen bekanntlich die ins Unendliche fortlaufenden, sogenannten periodischen, Dezimalbrüche.

Eine Tafel für die Verwandlung gemeiner in periodische Dezimalbrüche gibt K. Fr. Gauss, Werke, II. Band, Göttingen 1876, S. 412—434; ein Auszug daraus in Disquisitiones arithmeticae, Werke, I. Band, Göttingen 1870, S. 470; deutsche Ausgabe von H. Maser, Berlin 1889, S. 453. Zum Gebrauch der Tafel sind gewisse, sehr einfache Kenntnisse aus der Zahlentheorie erforderlich; hierüber Disquisitiones arithmeticae, art. 316—318, Werke, I. Band, S. 385, deutsche Ausgabe S. 370

19. Stellenwert. Beim dekadischen, wie überhaupt bei jedem Zahlensystem mit einer Grundzahl, kommt bekanntlich jeder Ziffer außer ihrem Wert als Ziffer noch der sogenannte Stellenwert zu. Eine Verschiebung der Ziffer um eine Stelle nach links erhöht ihren Stellenwert auf das Zehnfache, eine Verschiebung nach rechts setzt

---

*) Man sehe die Verlegenheit, die entsteht, wenn im Lehrbuch der Differentialgleichungen von A. R. Forsyth, deutsch von W. Jacobsthal, S. 57 in die Funktion $f(x, y)$ für x, y Dezimalzahlen 0,1 und 1,1 eingesetzt werden sollen; als Notbehelf ist $f(0,1|1,1)$ gewählt.

ihn auf den zehnten Teil herab. Beim praktischen Rechnen ersetzt man meistens die Verschiebung der Ziffern durch eine Verschiebung des Dezimalpunkts im entgegengesetzten Sinn.

Man schreibt wohl auch der Stelle der Einer den (dekadischen) Rang 0, der der Zehner den Rang 1, der der Hunderter den Rang 2 usw., der der Zehntel den Rang —1, der der Hundertstel den Rang —2 usw. zu. Der Rang ist die Anzahl der noch folgenden Stellen bis zu den Einern, diese eingeschlossen, oder die negativ genommene Anzahl der vorhergehenden Stellen bis zu den Einern, diese eingeschlossen.

Man kann auch bei ganzen Gruppen von Ziffern vom Stellenwert sprechen. Zwei Zahlen, in denen die Zifferngruppen von der ersten geltenden (d. h. von Null verschiedenen) Ziffer links bis zur letzten geltenden Ziffer rechts übereinstimmen, unterscheiden sich nur durch den Stellenwert, d. h. ihr Quotient ist eine Potenz von 10, z. B.

$$6072 \text{ und } 6{\cdot}072 = 6072 . 10^{-3}.$$

Von zwei solchen Zahlen soll kurz gesagt werden, sie hätten dieselbe Ziffernfolge, so daß also bei der Bestimmung der Ziffernfolge auf Nullen, die nicht zwischen geltenden Ziffern stehen, nicht zu achten ist. Die Ziffernfolge als Zahl erhält man demnach, indem man alle Nullen, die links und rechts am Rande stehen, und das Dezimalzeichen unterdrückt.

In manchen Wissensgebieten, z. B. in der modernen Physik der kleinsten Teilchen, kommt es vor, daß man von einer Zahl überhaupt keine Ziffern kennt, sondern nur den Stellenwert, den die unbekannten Ziffern einnehmen. Man bedient sich dafür der Ausdrucksweise, die Zahl sei nur ihrer Größenordnung nach bekannt.

20. Stellenwertbestimmung. Fast alle elementaren Rechenoperationen sind so auszuführen, daß die Ziffernfolge und der Stellenwert des Ergebnisses gesondert bestimmt werden. Meist hängt die Ziffernfolge des Ergebnisses sogar überhaupt gar nicht vom Stellenwert der gegebenen Zahlen ab; aus diesem Grunde wird gewöhnlich die Ziffernfolge zuerst bestimmt.

Für die Bestimmung des Stellenwerts des Ergebnisses gibt es bei den meisten Operationen eigene Regeln, die zwar ziemlich einfach sind, aber, wenn man sie mechanisch anwenden will, doch das Gedächtnis belasten. Es dürfte in den meisten Fällen zweckmäßiger sein, die Erwägungen, die den Regeln der Stellenwertbestimmung zugrunde liegen, rasch auf den konkreten Fall anzuwenden. Sehr bequem ist es hierbei, sich mit einer ganz rohen Abschätzung zu begnügen; z. B.: $2{\cdot}3 \cdot 5{\cdot}61$ gibt für das Produkt die Ziffernfolge 12 903, der richtige Wert kann nicht weit von $2 \cdot 5 = 10$ liegen, muß also $12{\cdot}903$ sein.

Namentlich der praktische Rechner wird auf diesem Wege am raschesten zum Ziel kommen, da er gewöhnlich im voraus eine gewisse angenäherte Kenntnis des bei einer Rechnung zu erwartenden Ergebnisses hat (vgl. 13).

21. Zahlen mit vielen Nullen nebeneinander. Die gewöhnliche Art, die Zahlen anzuschreiben und auszusprechen, wird unübersichtlich und schwerfällig, wenn es sich um Zahlen mit sehr vielen nebeneinanderstehenden Nullen handelt. Meist handelt es sich um Zahlen, die nur wenige geltende Ziffern haben und entweder sehr groß, oder sehr klein (nahe an Null) oder nur wenig größer als 1 sind, z. B.

$$61\,300\,000\,000\,000\,000, \quad 0\!\cdot\!000\,000\,000\,072, \quad 1\!\cdot\!000\,001\,28.$$

Etwas Ähnliches gilt von Zahlen, die nur wenig kleiner als 1 sind; solche enthalten sehr viele nebeneinanderstehende Neunen, z. B.

$$0\!\cdot\!999\,981\,7.$$

Ein Mittel, die Darstellung dieser Zahlen zu vereinfachen, ist die Einführung einer geeigneten Potenz von 10, z. B.

$$613 \cdot 10^{14}, \quad 72 \cdot 10^{-12}, \quad 1 + 128 \cdot 10^{-8}, \quad 1 - 183 \cdot 10^{-7}.$$

Man hat hier noch eine gewisse Freiheit der Auswahl, man kann entweder, wie es eben geschehen ist, den Exponenten von 10 so auswählen, daß der andre Faktor eine ganze Zahl wird, oder so, daß er zwischen 1 und 10 liegt (eine ganze Stelle hat)*) oder so, daß er zwischen 0·1 und 1 liegt (mit einer geltenden Ziffer hinter dem Dezimalpunkt beginnt); dies gäbe für die angeführten Zahlen

$$6\!\cdot\!13 \cdot 10^{16}, \quad 7\!\cdot\!2 \cdot 10^{-11}, \quad 1 + 1\!\cdot\!28 \cdot 10^{-6}, \quad 1 - 1\!\cdot\!83 \cdot 10^{-5}$$

und

$$0\!\cdot\!613 \cdot 10^{17}, \quad 0\!\cdot\!72 \cdot 10^{-10}, \quad 1 + 0\!\cdot\!128 \cdot 10^{-5}, \quad 1 - 0\!\cdot\!183 \cdot 10^{-4}.$$

Handelt es sich um mehrere Zahlen von ungefähr gleicher Größe, so wählt man auch oft für alle dieselbe Potenz von 10.

Für die Dezimalstellen kommt auch manchmal eine rein graphische Abkürzung vor, wie etwa

$$0\!\cdot\!0^{10}72 \text{ oder } 0\!\cdot\!0_{10}72, \quad \text{auch } {}^{10}72, \quad 1\!\cdot\!0^{5}128, \quad 0\!\cdot\!9^{4}817.$$

Diese Abkürzung fällt freilich aus dem Rahmen der sonst üblichen Bezeichnungsweise heraus.

In Fällen, wo die Zahlen untereinandergeschrieben werden, kann man bei einer zweiten, dritten usw. Zahl die Nullen auch ohne weiteres weglassen.

---

*) Die Zahl, die aus einer gegebenen hervorgeht, indem man den Dezimalpunkt hinter die erste geltende Ziffer setzt, heißt nach Fr. W. Schneider, Anweisung zum Gebrauch eines Deckenstabes, Berlin 1825, ihr Normalwert, nach Gros de Perrodil. Théorie de la règle logarithmique, Paris 1885, *nombre primordial* (nach Enzyklopädie I, S. 1056, Anm. [538]); Encyclopédie I, S. 414, Anm. [695]).

22. Dekadische Ergänzung. In vielen Fällen ist es praktisch, eine Zahl als Differenz zweier Zahlen darzustellen, von denen die absolut größere nur eine geltende Ziffer hat; man erreicht dadurch z. B. bei einer negativen Zahl, daß der absolut kleinere Bestandteil (der mehrere geltende Ziffern enthält) positiv ausfällt. Dieser Bestandteil führt den Namen **dekadische Ergänzung** oder auch **arithmetisches Komplement**.

Anwendungen der dekadischen Ergänzung bringen 41, 44, 129.

Die dekadische Ergänzung fällt verschieden aus, je nachdem man mit ihrer Bildung weiter oder weniger weit links beginnt. Z. B.

$$320 = 400 - 80 = 1000 - 680$$
$$= 10\,000 - 9680 = 100\,000 - 99\,680 \text{ usw.}$$

Man kann diese Freiheit benutzen, um entweder zu erreichen, daß die dekadische Ergänzung eine geltende Ziffer weniger als die gegebene Zahl bekommt (hier: $400 - 80$), oder daß der absolut größere Bestandteil eine dekadische Einheit wird (hier: $1000 - 680$), oder endlich, daß alle dekadischen Ergänzungen an derselben Stelle beginnen, z. B. wenn nur echte Dezimalbrüche vorkommen, bei der ersten Dezimalstelle.

In solchen Fällen kann man unter Umständen sogar den andern Bestandteil als selbstverständlich weglassen (**129**).

Man führt die hier besprochene Zerlegung am besten von links nach rechts aus; man erhöht die erste Ziffer links um 1 und behält ihren Stellenwert bei, dies gibt den absolut größeren Bestandteil; dann ergänzt man alle folgenden bis zur vorletzten geltenden auf 9, die letzte geltende auf 10 und läßt etwa noch folgende Nullen an ihrem Platz, das gibt die dekadische Ergänzung.

Etwas Übung macht dieses Verfahren so leicht mechanisch, daß man z. B. beim Entnehmen einer Zahl aus einer Tafel ihre dekadische Ergänzung ohne weiteres Besinnen hinzuschreiben imstande ist.

23. Negative Ziffern. Die in **22** angegebene Umformung, z. B. $320 = 400 - 80$, kann auch so aufgefaßt werden:

$$320 = 4 \cdot 10^2 - 8 \cdot 10^1 + 0 \cdot 10^0.$$

320 ist gewissermaßen als dekadische Zahl mit den Ziffern 4, -8, 0 dargestellt worden. Bezeichnet man mit CAUCHY I (S. 796 oder S. 439) solche **negative Ziffern** etwa so, daß man das Minuszeichen als Querstrich darübersetzt, so hätte man also für die Umformungen in **22** einfacher zu schreiben:

$$320 = 4\overline{8}0 = 1\overline{6}\overline{8}0 = 1\,9\overline{6}\overline{8}0 = 1\,9\,9\overline{6}\overline{8}0 \text{ usw.}$$

§ 2. Darstellung der Zahlen

Ähnlich wäre $\quad -0{\cdot}76 = \bar{1}{\cdot}24$
u. dergl.

Will man solche Zahlen aussprechen, so kann man etwa dem Vorschlag von Selling I, S. 16 folgen und das Minuszeichen als „miß-" oder „mi-" oder auch als „ab-" lesen: „mißeins, mizwei, midrei ...", „abeins ...".

Man kann nun noch einen Schritt weitergehen und überhaupt positive und negative Ziffern in beliebiger Mischung anwenden.

24. Beschränkung auf die positiven und negativen Ziffern bis 5. Man kann dies anwenden, um die absoluten Beträge der Ziffern auf das Intervall bis 5 zu beschränken, genauer gesprochen, mit den 10 Ziffern $0, 1, 2, 3, 4, 5, \bar{1}, \bar{2}, \bar{3}, \bar{4}$ auszukommen. Hierzu verwandle man, von rechts nach links schreitend, jede Ziffer 6, 7, 8, 9 in $\bar{4}, \bar{3}, \bar{2}, \bar{1}$ und erhöhe dafür stets die links folgende um 1; bildet sich dabei 10, so ist es in 0 zu verwandeln, und die nächste Ziffer links zu erhöhen; z. B.

$$6\,857\,218 = 6\,857\,22\bar{2} = 6\,86\bar{3}\,22\bar{2} = 6\,94\bar{3}\,22\bar{2} =$$
$$= 7\,\bar{1}\bar{4}\bar{3}\,22\bar{2} = 1\,\bar{3}\bar{1}\bar{4}\bar{3}\,22\bar{2},$$
$$997 = 100\bar{3}.$$

Das Verfahren wird immer dann von Wert sein, wenn es sich um Rechenvorgänge handelt, die mit dem Anwachsen der Summe der absoluten Werte der Ziffern mühsamer oder schwieriger werden. Beispiele hierzu bieten bei der Multiplikation **51**, bei der Division **76, 77, 79, 83**, beim Rechnen mit der Rechenmaschine **73, 79**.

25. Beschränkung auf die Ziffern 1, 2 und 5. In ähnlicher Weise kann man eine Beschränkung in den Ziffern erzielen, indem man von den Darstellungen

$$
\begin{array}{l|l|l}
1 = 1 + 0 + 0 + 0 & 4 = 0 + 2 + 2 + 0 & 7 = 0 + 2 + 0 + 5 \\
(*) \; 2 = 0 + 2 + 0 + 0 & 5 = 0 + 0 + 0 + 5 & 8 = 1 + 2 + 0 + 5 \\
3 = 1 + 2 + 0 + 0 & 6 = 1 + 0 + 0 + 5 & 9 = 0 + 2 + 2 + 5
\end{array}
$$

ausgeht. Wird jede Ziffer einer Zahl so zerlegt, so erscheint diese als Summe von vier Zahlen, von denen die erste nur Einsen und Nullen, die zweite und die dritte nur Zweien und Nullen, die letzte nur Fünfen und Nullen enthält, oder, anders ausgedrückt, in der Form

$$A + 2B + 2C + 5D,$$

wo A, B, C, D Zahlen sind, die keine andern Ziffern als 0 und 1 aufweisen. Z. B.

$$2\,605\,891 = 0\,100\,101 + 2\,000\,220 + 0\,000\,020 + 0\,505\,550 =$$
$$= 100\,101 + 2 \cdot 1\,000\,110 + 2 \cdot 10 + 5 \cdot 101\,110.$$

Da keine der Zerlegungen (*) mehr als drei Glieder enthält, so kann man auch mit drei Summanden auslangen, wenn man darin ungleiche Ziffern zuläßt, z. B.
$$2\,605\,891 = 2\,505\,551 + 100\,220 + 120.$$

26. Römische Ziffern. Die römischen Ziffern werden beim Rechnen nirgends mehr verwendet, wohl aber dienen sie zum Numerieren. Es scheint nicht ratsam, sie, wie es wohl vorgeschlagen worden ist, ganz abzuschaffen, da es oft günstig für die Übersichtlichkeit ist, zwei verschiedene Arten von Ordnungszeichen zu haben. Nur darf man nicht zu hoch gehen, LXXXVIII steht wohl schon an der Grenze der bequemen Lesbarkeit.

§ 3. Ungenaue Zahlen.

27. Darstellung ungenauer Zahlen. Um eine ungenaue Zahl darzustellen, muß nach dem in 3 Gesagten der Spielraum angegeben werden, in den sie eingeschlossen ist. Dies kann, theoretisch am einfachsten, geschehen, indem die untere und die obere Schranke dieses Spielraums angegeben wird. Tatsächlich kommen derlei Darstellungen vor; es sei z. B. nur an die berühmte Einengung der Zahl π durch ARCHIMEDES erinnert:
$$3\tfrac{10}{71} < \pi < 3\tfrac{1}{7}.$$

Für gewöhnlich zieht man es aber vor, nur einen Wert aus dem Spielraum und die Abweichungen der beiden äußersten Werte von diesem anzugeben. Hierbei wird insbesondere gern entweder einer der beiden äußersten Werte oder der Mittelwert aus beiden gewählt, weil in allen diesen Fällen, wie leicht einzusehen, diese Abweichungen durch eine einzige Zahl beschrieben werden können (**28**). Zuweilen wird auch ein möglichst bequem angebbarer Wert aus dem Spielraum herausgegriffen (vgl. insbesondere **37**).

28. Absoluter und relativer Fehler. Genauigkeit. Ist a eine Zahl, a_0 ein Näherungswert davon, so nennt man den Unterschied $a_0 - a$ den **absoluten Fehler** des Näherungswertes a_0 für a (in weniger sorgfältiger Redeweise wohl auch der Zahl a selbst). Den Quotienten des absoluten Fehlers durch die Zahl a, $\dfrac{a_0 - a}{a}$, nennt man den **relativen Fehler**. Da a beim praktischen Rechnen nicht bekannt ist, so ist die Bemerkung wichtig, daß man ohne merkliche Unrichtigkeit den Nenner a durch seinen Näherungswert a_0 ersetzen, somit den relativen Fehler nach der Formel $\dfrac{a_0 - a}{a_0}$ berechnen kann.

Oft findet man den entgegengesetzten Wert $a - a_0$ mit dem Namen Fehler belegt; es ist aber vorzuziehen, $a - a_0$ als **Verbesserung** zu bezeichnen, weil dann der Näherungswert vermehrt um die Verbesserung den genauen, der genaue vermehrt um den Fehler den Näherungswert ergibt.

Je nachdem der Fehler positiv oder negativ ist, ist der Näherungswert größer oder kleiner als der genaue Wert. Die Franzosen haben zur Unterscheidung die bequemen Ausdrücke *approximation par excès* und *par défaut*, die im Deutschen fehlen; die Verdeutschungsversuche, die damit angestellt worden sind, sind wenig befriedigend.

Ist nun a nicht bekannt, sondern nur zwischen zwei Schranken eingeschlossen, so gilt dasselbe vom absoluten Fehler $a_0 - a$. Eine Angabe über eine ungenaue Zahl kann demnach erfolgen, indem zwei Schranken für den absoluten Fehler aufgestellt werden. Wählt man für a_0 einen der Randwerte, so wird eine der beiden Schranken Null; wählt man für a_0 den Mittelwert des Spielraums, so werden beide Schranken entgegengesetzt gleich und die Aussage kann einfacher durch Angabe einer obern Schranke für den **absoluten Wert des absoluten Fehlers** gemacht werden. Der letzte Fall ist der häufigste.

Durch jede solche Aussage über den absoluten Fehler wird die **absolute Genauigkeit** des Näherungswertes a_0 für a (kurz: der Zahl a) angegeben.

Ganz ähnliches gilt für den relativen Fehler; offenbar sind die Schranken für den absoluten Fehler durch a (oder a_0) zu dividieren. Durch solche Aussagen wird die **relative Genauigkeit** des Näherungswertes a_0 für a bestimmt.

Man könnte die Schranken geradezu als ein Maß der Ungenauigkeit ansehen.

29. Abgekürzte Dezimalzahlen. Sind von einer dekadisch geschriebenen Zahl einige Ziffern links bekannt, die weiter nach rechts hin folgenden nicht mehr, so liegt ein besondrer Fall einer solchen Genauigkeitsbestimmung vor; man spricht in einem solchen Fall von einer auf soundso viel Ziffern oder auf soundso viel Dezimalstellen **abgekürzten (verkürzten, auch wohl abgerundeten) Dezimalzahl**. Um eine Dezimalzahl als abgekürzt zu kennzeichnen, setzt man einige, gewöhnlich drei, Punkte dahinter. Doch wird diese Kennzeichnung auch oft weggelassen, wenn klar ist, daß es sich um ungenaue Zahlen handelt.

Umgekehrt kennzeichnet Gernerth in seiner fünfstelligen Tafel **I** vollständige Dezimalzahlen durch einen Punkt hinter der letzten Ziffer und läßt abgekürzte unbezeichnet. Noch eine andre Festsetzung trifft K. Knopp, Theorie und Anwendung der unendlichen Reihen, Berlin 1922, S. 242, 245; er setzt Punkte, wenn nur Ziffern weggelassen wurden, dagegen keine Punkte, wenn korrigiert wurde.

Weiß man z. B., daß die Zahl π folgende Ziffern hat: 3·14159, so schreibt man $\pi = 3\cdot 14159\ldots$; hiermit ist gesagt, daß

$$3{\cdot}14159 \leqq \pi < 3{\cdot}1\,416$$

ist. In einem solchen Fall sind nicht, wie sonst, Nullen am rechten Ende einer Dezimalzahl gleichgültig. Der absolute Fehler des Näherungswertes $3{\cdot}14159$ für π erfüllt dann die Doppelungleichung

$$0 \geqq 3{\cdot}14159 - \pi > -0{\cdot}00001.$$

Derlei Angaben stellen sich selten bei Messungen, häufig dagegen bei Rechnungsergebnissen ein.

Wollte man bei einer solchen Angabe den Mittelwert verwenden, so hätte man etwa $3{\cdot}141595$ als Näherungswert zu verwenden; der Fehler würde dann der Doppelungleichung

$$0{\cdot}000005 \geqq 3{\cdot}141595 - \pi > -0{\cdot}000005$$

genügen. Man pflegt jedoch Angaben andrer Art vorzuziehen, weil die hinzugefügte Ziffer 5 an sich eine Belastung, außerdem aber noch dadurch unvorteilhaft ist, daß sie keine Beziehung zu der an diese Stelle eigentlich gehörigen Ziffer aufweist.

30. Korrigieren. Man erhöht die letzte beibehaltene Ziffer einer abgekürzten Dezimalzahl um 1, wenn die folgende Ziffer 5, 6, 7, 8 oder 9 ist. Man nennt dies das Korrigieren, das Abrunden nach oben oder das Aufrunden*) der letzten Stelle; die Franzosen bedienen sich auch des Ausdrucks „*forcer*" und nennen eine erhöhte Ziffer „*fort*", eine nicht erhöhte „*faible*". F. G. GAUSS verwendet in seiner fünfstelligen Tafel GAUSS I die Ausdrücke „groß" und „klein". Auf diese Weise würde π, wenn fünf Dezimalstellen beibehalten werden sollen, durch $3{\cdot}14159\ldots$, wenn vier beibehalten werden sollen, durch $3{\cdot}1\,416\ldots$ zu approximieren sein. Für die Fehler ergeben sich die Doppelungleichungen:

$$0{\cdot}000005 \geqq 3{\cdot}14159 - \pi > -0{\cdot}000005,$$
$$0{\cdot}00005 \geqq 3{\cdot}1\,416 - \pi > -0{\cdot}00005.$$

Hierfür kann mit einem geringen und für die Praxis völlig bedeutungslosen Verzicht an Präzision

$$|\,3{\cdot}14159 - \pi\,| \leqq 0{\cdot}000005,$$
$$|\,3{\cdot}1\,416 - \pi\,| \leqq 0{\cdot}00005$$

gesetzt werden.

Abweichend von dieser Festsetzung kürzen LOMHOLT und ERLANG (siehe LOMHOLT I, ERLANG I, LOMHOLT-ERLANG I) in Tafelwerken so, daß alle

---

*) Die Ausdrucksweise ist nicht ganz feststehend; am zweckmäßigsten wäre es wohl, abrunden und aufrunden anzuwenden, je nachdem eine Verkleinerung oder eine Vergrößerung stattfindet, und beide Fälle als „korrigieren" zusammenzufassen.

Werte, einschließlich der durch Interpolation (134) gefundenen, die geringste durchschnittliche Abweichung aufweisen.

Wenn man zum Näherungswert eine halbe Einheit der letzten beizubehaltenden Stelle hinzufügt, so erhält man durch Abwerfen der folgenden Stellen sofort den korrigierten Wert. Dieser Kunstgriff, der von J. F. von Wrede herrührt, läßt sich manchmal mit Vorteil verwenden, wenn ganze Serien von Werten in einem Zuge (z. B. mit der Rechenmaschine) gerechnet werden.

31. Genauigkeit einer korrigierten Dezimalzahl. Allgemein wird demnach der absolute Betrag des absoluten Fehlers eine halbe Einheit der letzten beibehaltenen Dezimalstelle nicht übersteigen. Die Schranken für den absoluten Wert des relativen Fehlers erhält man, indem man durch die Zahl selbst dividiert. Verwandelt man Dividend und Divisor in Einheiten der letzten Dezimalstelle, so erkennt man, daß die Schranke für den relativen Fehler einfach der halbe reziproke Wert der Ziffernfolge der Zahl, als ganze Zahl betrachtet, ist. Hieraus folgt, daß z. B. die beiden Zahlen $7·027\ldots$ und $0\,007\,027\ldots$ relativ gleich genau und beide relativ genauer sind, als etwa $0·3\ldots$ oder $45·2\ldots$

Man nennt eine so abgekürzte und korrigierte Zahl auf n Ziffern oder Dezimalstellen (Stellen) genau, wenn der Näherungswert n Ziffern oder n Dezimalstellen enthält. Die Bezeichnung entspricht genau genommen mehr der Abkürzung ohne Aufrunden (**29**), wofür sie auch manchmal ebenfalls angewendet wird, weil dann die n Ziffern oder Dezimalstellen in der Zahl und im Näherungswert tatsächlich übereinstimmen, während durch das Aufrunden die letzte, in besonderen Fällen auch noch eine oder mehrere vorher, wenn ihr nämlich Neunen folgen, abgeändert werden, wie z. B. beim Abkürzen von $0·469872$ auf vier Dezimalstellen: $0·4700\ldots$

Das in **29, 30** und hier Vorgebrachte findet auch, wenngleich seltener, Anwendung auf den Fall, daß die letzte beibehaltene Stelle keine Dezimalstelle ist. In einem solchen Fall kann man entweder die in **21** angegebene Schreibweise anwenden, oder man bedient sich kleiner Nullen, die nur zur Feststellung des Stellenwerts dienen. So ergibt etwa $67\,366$ auf Hunderter abgekürzt $6·74\ldots \cdot 10^4$ oder 674_{00}.

In Statistiken und Bilanzen sind derlei Angaben sehr häufig.

Bryan **I** schlägt ein eigenes Zeichen (? oder ϑ) für unsichere Ziffern vor; danach wäre also $674??$ oder $674\vartheta\vartheta$ zu schreiben.

32. Der zweifelhafte Fall beim Korrigieren. Der ungünstigste Fall beim Aufrunden ist der, daß die wegzulassenden Ziffern gerade 5 oder 50, 500 usw. sind. Es ist dann der absolute Wert des absoluten Fehlers am größten, es ist dann aber auch die in **30** gegebene Vorschrift nicht dadurch gerechtfertigt, daß sie den absolut kleinsten

Fehler liefert, vielmehr wäre es in dieser Hinsicht auch nicht ungünstiger, nicht zu korrigieren, so daß also in dieser Hinsicht der angeführte Fall zweifelhaft bleibt.

Häufig wird in diesem Fall auch die Regel befolgt, so abzurunden, daß die letzte Ziffer eine gerade Zahl ist, also z. B. 0·45 auf 0·4, 0·55 auf 0·6. Diese Regel behebt den Zweifel ebenso wie die frühere, sie hat aber noch die Vorteile, erstens, daß positive und negative Fehler gemischt werden, was oft wünschenswert ist, zweitens, daß das oft vorkommende Halbieren des Näherungswertes durchführbar ist und wieder den richtigen Näherungswert liefert.

33. Vergrößerung des Fehlers durch mehrmaliges Abkürzen. Bezeichnung der erhöhten Fünf. Wird eine bereits abgekürzte und korrigierte Dezimalzahl abermals abgekürzt und korrigiert, so kann unter gewissen ungünstigen Umständen der Fehler auf mehr als eine halbe Einheit der letzten beibehaltenen Stelle steigen. So z. B. gibt 0·745 auf zwei Stellen abgekürzt 0·75, und dieses weiter auf eine Stelle abgekürzt 0·8 mit einem Fehler von $0·055 > \frac{1}{2} \cdot 10^{-1}$. Kürzt man dagegen sofort auf eine Stelle ab, so erhält man richtig 0·7 mit einem Fehler von $-0·045$.

Wie man sieht, liegt der Grund darin, daß die höchste bei der zweiten Abkürzung wegzulassende Ziffer eine durch Erhöhung entstandene Fünf ist. Man wird daher dieser Gefahr ausweichen können, wenn man solche durch Erhöhung entstandene Fünfen kenntlich macht. Hierfür sind verschiedene Zeichen verwendet worden: Fettdruck, Kursivdruck, V statt 5, kleine Ziffern, endlich 5 mit allerlei Zeichen, Strichen quer durch, darüber, darunter, Punkte darunter, daneben usw. Manchmal sind die nicht erhöhten Fünfen noch eigens anders bezeichnet.

34. Bezeichnung aller erhöhten Ziffern. Bei anderen Endziffern ist die Kennzeichnung der Erhöhung weniger wichtig, weil der in **33** angeführte Grund wegfällt. Immerhin wird dadurch die Genauigkeit der Angaben verdoppelt; es finden sich derlei Kennzeichnungen (durch anders geformte Ziffern oder Unterscheidungszeichen) in manchen Tafelwerken.

Wird etwa als Erhöhungszeichen das Unterstreichen der Endziffer angewendet, so bedeutet also der Näherungswert 0·29723 für eine Zahl a, daß
$$0·29723 \leq a < 0·297235,$$
dagegen der Näherungswert 0·2972<u>3</u>, daß
$$0·297225 \leq a < 0·29723 \quad \text{ist.}$$

Als Mittelwerte der Spielräume waren in den beiden Fällen 0·29723$_{25}$ und 0·29722$_{75}$ einzuführen; für diese wäre der Fehler absolut genommen nicht größer als ein Viertel der Einheit der letzten beibehaltenen Stelle.

Ein Rechnen mit derlei Näherungswerten wäre offenbar höchst unvorteilhaft, da die Mehrarbeit, die die beiden hinzukommenden Ziffern verursachen, nicht viel geringer ist, als wenn man geradezu die ganze Rechnung auf zwei Stellen weiter ausgeführt hätte; dagegen finden sich in den Tafeln mit Erhöhungszeichen, zuerst wohl bei GERNERTH I, S. 121, Vorschriften, in welcher Art diese Näherungswerte den Rechnungen, z. B. der Interpolation, zugrunde zu legen sind, ohne daß sie selbst angeschrieben werden.

Man sehe z. B. die sehr ausführliche Anleitung bei SCHRÖN I, Einleitung § 18—29, 56—60.

Von derlei Rechenvorschriften gilt aber wohl, was K. Fr. GAUSS (Werke, III. Band, Göttingen 1876, S. 242) schon zu den Erhöhungszeichen selbst bemerkte, daß sie für die Praxis viel zu verwickelt sind und daß man, wenn die Möglichkeit vorhanden ist, zur Erreichung größerer Genauigkeit besser tun wird, auf genauere (mehrstellige) Tafeln zurückzugreifen. Es dürfte selten eintreffen, daß die geringe Verschärfung, die in der Verdoppelung der Genauigkeit liegt (man bedenke, daß die Hinzunahme einer weiteren Dezimalstelle eine Verzehnfachung der Genauigkeit bedeutet), besondern Wert hat und die unbequemen Rechnungen hierfür lohnend macht.

35. Verfahren von THIELE. Um diese unbequemen Mittelwerte zu vermeiden und doch die doppelte Genauigkeit zu erzielen, hat T. N. THIELE (BURRAU I) das Mittel angewendet, beim Abkürzen Ziffernfolgen unter 25... einfach wegzulassen, Ziffernfolgen zwischen 25... und 75... wegzulassen und dafür ein Zeichen (einen Punkt oben) anzubringen, endlich Ziffernfolgen über 75... wegzulassen und aufzurunden. Es bedeutet dann z. B. 0·402 den Spielraum 0·40175 ↔ 0·40225, 0·402· den Spielraum 0·40225 ↔ 0·40275; die Mittelwerte dieser Spielräume sind die bequemen Zahlen 0·402 und 0·4025. BURRAU nennt die Zahlen 0·402 und 0·402· auf $3\frac{1}{2}$ Stellen abgekürzt.*)

Die Bemerkungen in **34** über den Wert einer Verdoppelung der Genauigkeit treffen auch hier zu. Außerdem bietet das Verfahren von THIELE keine Sicherheit gegen die Vergrößerung des Fehlers durch weiteres Abkürzen, falls die letzte Ziffer 5 ohne Punkt ist (**33**).

Ein ähnliches Verfahren hat TH. OPPOLZER angegeben (vgl. BOCCARDI I, Ière partie, p. 59). Noch weiter geht in dieser Richtung GUILLEMIN I, S. I. Übrigens hat schon KEPLER I dergleichen Mittel angewendet.

---

*) $3\frac{1}{2}$ ist hier nur im Sinn einer Zahl zwischen 3 und 4 zu nehmen, wie man etwa bei Teilung eines Baugrunds als Hausnummern 3 und $3\frac{1}{2}$ anwendet. Wollte man wirklich interpolieren, so hätte man etwa festzuhalten, daß bei n-stelligen Dezimalzahlen die Differenz der von ihnen gebildeten arithmetischen Reihe 10^{-n} ist. Hier ist die Differenz $\frac{1}{2}10^{-3}$, die Stellenzahl wäre demnach mit $3 + \log 2 = 3·301...$ anzusetzen.

36. Allgemeines über das Rechnen mit abgekürzten Dezimalzahlen.

Beim Rechnen mit ungenauen Zahlen bedient man sich vornehmlich der abgekürzten und korrigierten Dezimalzahlen. Sie haben den unleugbaren Vorteil, daß die (absolute) Genauigkeit schon durch den Stellenwert der letzten angeführten Ziffer bestimmt ist (**31**), die jedesmalige Angabe der Fehlerschranken daher entfällt. Es darf jedoch nicht übersehen werden, daß dadurch, daß nur ganz bestimmte Zahlen als Näherungswerte bestimmter Genauigkeit auftreten (nämlich Zahlen, die eben bei einer bestimmten Dezimalstelle abbrechen), auch wieder manche Schwierigkeit geschaffen wird. Wünscht man aus irgendeiner Annäherung eine durch abgekürzte Dezimalzahlen zu gewinnen, so muß man oft große Opfer an Genauigkeit bringen oder umgekehrt, wenn die Genauigkeit vorgeschrieben ist, den Näherungswert oft auf einige Ziffern mehr (Überstellen) berechnen. Ein Beispiel wird die Sache genügend klarmachen. Liegt eine Zahl zwischen $4\cdot 370$ und $4\cdot 374$, so liest man daraus den auf zwei Dezimalstellen genauen Näherungswert $4\cdot 37$ ab, während man, wenn eine Zahl zwischen $4\cdot 347$ und $4\cdot 351$ liegt (so daß die absolute Genauigkeit dieselbe, die relative sogar noch etwas größer ist als früher), nicht einmal die Zehntel sicher angeben kann. Kann man den Spielraum von $0\cdot 004$ nicht verkleinern, so würde man die Zehntel bestimmen können, wenn etwa durch genauere Berechnung eines Näherungswertes der Spielraum $4\cdot 3458 \leftrightarrow 4\cdot 3498$ festgestellt würde, nicht aber, wenn sich etwa der Spielraum $4\cdot 3462 \leftrightarrow 4\cdot 3502$ ergäbe. Läßt sich dagegen der Spielraum beliebig verkleinern, so kann, freilich oft nur mit viel Mühe, die Feststellung jeder Ziffer erzwungen werden.

Lehrreiche Beispiele hierzu liefern alle Berechnungen von Logarithmentafeln. BREMIKER (I, S. 16) berichtet, daß er zur Sicherung der sechsten Dezimale in einzelnen Fällen bis zur fünfzehnten Dezimale gehen mußte, BAUSCHINGER-PETERS (I, S. VII) in ähnlicher Weise, daß sie zur Feststellung der achten Dezimale in manchen Fällen bis zur zwanzigsten gehen mußten.

Aus dem Angeführten ist zu ersehen, daß die Rechenvorschriften für das Rechnen mit abgekürzten Dezimalzahlen je nach den Werten der Zahlen selbst verschieden lauten, was natürlich eine große Erschwerung bedeutet.

Hierin liegt auch der Grund für die seltsame Erscheinung, daß auf die Frage, wie viele Überstellen zur Sicherung eines bestimmten Ergebnisses erforderlich sind, so verschiedene Antworten gegeben werden (vgl. hierüber Enzyklopädie I, Nr. 24 Anm. [205], Encyclopédie I, Nr. 29 Anm. [268]). Sieht man scharf zu, so erkennt man, daß wohl mit jeder Überstelle mehr die Wahrscheinlichkeit unrichtiger Näherungswerte rasch abnimmt, daß aber auch eine noch so große Zahl von Überstellen nicht die volle Sicherheit liefert. Um z. B. eine Zahl $0\cdot 5 + \varepsilon$ richtig auf Ganze abzukürzen, müßte man den Spielraum der Annäherung unter ε herabdrücken (und in das Intervall $0.5 \leftrightarrow 0.5 + \varepsilon$ bringen); da ε beliebig klein sein kann, so reicht keine noch so große Anzahl von Dezimalstellen von vornherein für alle Fälle aus.

37. Anwendung der Wahrscheinlichkeitsrechnung. Die in diesem Paragraphen bisher angestellten Betrachtungen gehen von der Voraussetzung aus, daß für jede Abweichung der Ergebnisse vom richtigen Wert Schranken angegeben werden müssen. Ganz anders steht es, wenn die in die Rechnung eintretenden Zahlen selbst schon Fehlern unterworfen sind, für die man nur Mittelwerte kennt, wie es in der Ausgleichungsrechnung der Fall ist. In diesem Fall können auch die Ergebnisse weiterer Rechnung nicht anders erhalten werden. Es sind daher die Betrachtungen der Fehlertheorie, insbesondere die über Fehlerfortpflanzung, anzuwenden.

Untersuchungen dieser Art finden sich bei BREMIKER I, S. 49, STADTHAGEN I, JUNGE I.

38. Approximation durch rationale Zahlen. In manchen Fällen legt man Wert darauf, als Näherungswert nur rationale Zahlen (ganze Zahlen und Brüche) zu verwenden. Solche Näherungswerte haben unter anderm den Vorteil, daß die Rechnungsfehler (5) oft ganz oder fast ganz vermieden werden können. Auch sind gebrochene Zahlen als Multiplikatoren, Divisoren und Exponenten oft bequemer als Dezimalbrüche (96). Nun gehören freilich alle abbrechenden Dezimalzahlen zu den rationalen Zahlen, man wünscht aber in solchen Fällen Näherungswerte mit recht kleinem Zähler und Nenner.

Zur Auffindung solcher Annäherungen dient am besten eine Zusammenstellung aller gemeinen Brüche samt ihrer Dezimalbruchentwicklung, deren Zähler und Nenner eine bestimmte Zahl nicht übersteigen, nach ihrer Größe geordnet. Ein solches Verzeichnis, bei dem Zähler und Nenner bis 100 aufsteigen und die Dezimalbruchentwicklung auf 11 Stellen angegeben ist, enthält BROCOT I.

Erreicht man auf diese Weise keine genügend genaue Annäherung, so kann man diese leicht verbessern.

Ein Beispiel möge das Verfahren zeigen. Für $\pi = 3.14159$ gibt die Tafel von BROCOT die Näherungen

$$3.1\dot{4} = 3\frac{14}{99} = \frac{311}{99} \quad \text{und} \quad 3.\dot{1}4285\dot{7} = 3\frac{1}{7} = \frac{22}{7}.$$

Ihre Fehler sind -0.000179 und 0.001264, es ist daher

$$\left(\pi - \frac{311}{99}\right) : \left(\frac{22}{7} - \pi\right) = 179 : 1264,$$

$$(99\pi - 311) : (22 - 7\pi) = 17721 : 8848.$$

Nun stelle man dieses Verhältnis angenähert in kleinen Zahlen dar, es ist sehr nahe 2:1. Also gilt

$$(99\pi - 311):(22 - 7\pi) \doteqdot 2:1,$$
$$99\pi - 311 \doteqdot 44 - 14\pi,\ 113\pi \doteqdot 355;$$

demnach ist π mit größerer Annäherung als vorhin gleich $\frac{355}{113}$.

§ 4. Addition und Subtraktion.

39. Addition. Die Arbeit wird erleichtert, wenn die Ziffern gleichen Stellenwerts genau untereinander geschrieben werden; dies sollte jedenfalls geschehen, wenn die Zahlen erst auf das Papier gebracht werden; sind sie dagegen bereits angeschrieben, so wird zu erwägen sein, ob der Vorteil des bequemeren Rechnens die Mühe des nochmaligen Anschreibens aufwiegt.

Man spreche nur die aufeinanderfolgenden Teilsummen laut oder in Gedanken aus, z. B.

```
  634        6, 15, 19 (9 angeschrieben); 1.
 1719        1, 3, 4, 7 (angeschrieben).
  926        9, 16, 22 (2 angeschrieben); 2.
 ────
 3279        2, 3 (angeschrieben).
```

Für eine spätere Nachrechnung ist es sehr zu empfehlen, die hinübergezogenen Zehner klein beizufügen, im vorigen Beispiel:

```
  634
 1719
  926
   ² ¹
 ────
 3279
```

Sind lange Zahlenreihen zu addieren, so ist es recht zweckmäßig, nur die Einer der Teilsummen im Kopf zu behalten und jeden überschrittenen Zehner durch ein Zeichen (etwa einen Strich oder einen Punkt) anzumerken; die Zahl dieser Zeichen gibt am Ende die hinüberzuzählenden Zehner an, z. B.

```
8⁻7        8, 5, 1, 9, 2, 9 (angeschrieben); 3
6⁻3⁻
9⁻8
8⁻6⁻       3, 0, 9, 7, 6, 2, 0 (angeschrieben); 5 (angeschrieben)
9 7⁻
7⁻8
───
5 0 9
```

Oft ist es bequem, Summanden zusammenzuziehen, z. B. statt $7 + 3$ sogleich 10, statt $9 + 2$ sogleich 11, statt $6 + 6 + 6$ sogleich 18, statt $5 + 6 + 7 + 8 + 9$ sogleich $5 \cdot 7 = 35$ zu addieren und dergleichen.

Hat man sehr lange Spalten von Zahlen zu addieren, so kann man erwägen, ob man vielleicht die Zahlen in Gruppen teilen, deren Summen bilden und schließlich vereinigen soll; man kann so der Ermüdung leichter aus dem Wege gehen und vermeidet auch die allzu großen Zehnerübertragungen.

40. Proben für die Addition. Die Probe für die Addition kann durch Wiederholung in andrer Anordnung gemacht werden, etwa indem man statt von unten hinauf von oben herunter rechnet, oder indem man den Summand, mit dem man das erstemal begonnen hat, vorerst wegläßt und ihn zur Summe der übrigen addiert.

Über Restproben siehe **97**.

41. Subtraktion. Das in **39** über das Untereinanderschreiben Gesagte gilt auch hier.

Man kann entweder die Methode des Abzählens oder die (in den österreichischen Schulen allein übliche und daher in Deutschland als österreichische Rechenmethode bekannte) Methode des Zuzählens anwenden. Das schriftliche Bild der Rechnung ist in beiden Fällen gleich. Man spricht z. B. bei

$$\begin{array}{r} 638 \\ 482 \\ \hline 156 \end{array}$$

im ersten Falle: $8 - 2 = 6$, $3 - 8$ geht nicht, $13 - 8 = 5$, 6 um 1 vermindert ist 5, $5 - 4 = 1$; im zweiten Falle: 2 und **6** ist 8, 8 und **5** ist 13, bleibt 1, 1 und 4 ist 5 und **1** ist 6 (die fett gedruckten Ziffern werden betont und gleich angeschrieben).

Der österreichischen Rechenmethode wird bei der Subtraktion wohl allgemein der Vorzug gegeben. Näheres darüber siehe bei Sadowski I, Zickerow I. Langley I, S. 4 spricht von Kaufladen- oder Komplementen-Methode.

Ist der Minuend eine dekadische Einheit, so wird man die Differenz am besten als dekadische Ergänzung **(22)** bilden.

42. Proben für die Subtraktion. Als eine inverse Operation wird die Subtraktion am besten durch die zugehörige direkte Operation, die Addition, geprüft: die Summe aus der Differenz und dem Subtrahend muß dem Minuend gleich sein. Daneben käme noch die Subtraktion der Differenz vom Minuend, die den Subtrahend liefern muß, in Betracht.

Über Restproben siehe **97**.

43. Addition und Subtraktion von links nach rechts. Mit ein wenig Übung erreicht man es leicht, daß man die Addition und die Subtraktion von zwei Zahlen von links nach rechts ausführen kann. Das Verfahren ist besonders dann günstig, wenn man mit der Summe oder Differenz in eine Tafel eingehen will, ohne sie aufzuschreiben.[*] Sonst wird für das Verfahren noch angeführt, daß man die wichtigeren Ziffern zuerst bestimmt, das Vorzeichen einer Differenz sofort richtig bekommt und bei Dezimalbrüchen mit verschiedener Stellenzahl einen Irrtum in der Verknüpfung der letzten Stellen leichter vermeidet.

Besonders zu empfehlen ist die Addition von links nach rechts bei der Bildung des arithmetischen Mittels, weil dann die Division durch 2 gleich mit ausgeführt werden kann.

44. Berechnung von Aggregaten. Hat man Aggregate, d. h. algebraische Summen von positiven und negativen Zahlen zu berechnen, so stehen einem verschiedene Wege offen.

Man kann die positiven und die negativen Zahlen **je für sich addieren** und die Differenz der Ergebnisse bilden. Hierbei kann man gleiche Ziffern oder Gruppen von Ziffern gleicher Summe in den positiven und den negativen Gliedern, die denselben Stellenwert haben, gegeneinander streichen. Z. B.

$$653 - 728 + 927 + 13 - 52 = 600 - 700 + 900 + 13 = 813;$$

die Weglassungen sind durch die Unterstreichungen gekennzeichnet.

Stehen die Zahlen untereinander, so kann man sich die Bildung der beiden Summen erleichtern, indem man die Zahlen der einen Gruppe, etwa die negativen, durch irgendein Merkzeichen — etwa Umrahmen, Schraffieren, andersfarbige Tinte — kenntlich macht; z. B.

653	653	oder	653
728	728		728
927	927		927
13	13		13
52	52		52
1593	1593		1593
− 780	− 780		− 780
813	813		813

Ein andres Mittel ist das **Zudecken** der Zahlen der einen Gruppe, während man die Summe der andern Gruppe bildet.

---

[*] Gauss hat diese Rechenweise angewendet und empfohlen und sie ist bei den Astronomen viel im Gebrauch. (S. z. B. A. Galle, Gauß als Zahlenrechner. Materialien für eine Biographie von Gauß, IV, 1918, S. 10.)

§ 4. Addition und Subtraktion

Werden die Zahlen erst angeschrieben, so tut man natürlich am besten, gleich zwei Spalten für sie zu bestimmen, so wie es im kaufmännischen Rechnen für Soll und Haben geschieht.

Sind alle Zahlen bis auf die erste negativ und zusammen kleiner als diese, so kann man die Methode des Zuzählens wie bei der Subtraktion (österreichische Methode, 41) anwenden, z. B.

$$\begin{array}{r} 1105 \\ -\ 27 \\ -\ 628 \\ -\ 201 \\ \hline 249 \end{array} \quad \begin{array}{l} 1,\ 9,\ 16\ \text{und}\ 9\ \text{ist}\ 25,\ 2; \\ 2,\ 4,\ 6\ \text{und}\ 4\ \text{ist}\ 10,\ 1; \\ 1,\ 3,\ 9\ \text{und}\ 2\ \text{ist}\ 11. \end{array}$$

Endlich kann man für die eine Gruppe, nämlich für die, deren Summe voraussichtlich kleiner ausfällt, die dekadische Ergänzung (22) einführen, und dadurch die Subtraktionen in Additionen verwandeln.

Dabei führt man die dekadischen Ergänzungen alle gleichweit nach links und zwar so weit, daß die Additionen nicht gestört werden.

Im Beispiel von vorhin hätte man

$$\begin{array}{rl} 653 = & 653 \\ -\ 728 = & \bar{1}272 \\ 927 = & 927 \\ 13 = & 13 \\ -\ 52 = & \bar{1}948 \\ \hline & 813 \end{array} \quad \text{(oder ausführlicher)} \quad \begin{array}{l} = 653 \\ = 272 - 1000 \\ = 927 \\ = 13 \\ = 948 - 1000 \\ \hline 2813 - 2000 = 813. \end{array}$$

Sollte man aus Versehen die Gruppe mit größerer Summe umgeformt haben, so erscheint die algebraische Summe selbst als dekadische Ergänzung und ist noch umzuformen, z. B.

$$\begin{array}{rl} 72 = & 72 \\ -\ 67 = & \bar{1}33 \\ 98 = & 98 \\ -\ 107 = & \bar{2}93 \\ \hline & \bar{1}96 = -4 \end{array}$$

Die Anwendung der dekadischen Ergänzung lohnt sich nur dann, wenn man die Zahlen gleich in dieser Form anschreiben kann, etwa wenn man sie aus Tafeln entnimmt, sonst wiegt der Vorteil der bequemern Rechnung die Mühe der Umformung und des abermaligen Anschreibens nicht auf. Auch ist der Vorteil der dekadischen Ergänzung um so geringer, je mehr negative Zahlen auftreten.

Auch bei reinen Additionen und Subtraktionen kann man die dekadische Ergänzung oft vorteilhaft verwenden, besonders dann, wenn sie weniger geltende Ziffern hat. Z. B.

$$827 + 397 = 827 + 40\bar{3} = 1224,$$
$$1208 - 896 = 1208 + \bar{1}104 = 312.$$

45. Addiermaschinen. Um Additionen rasch und sicher auszuführen, kann man sich der **Addiermaschinen** (**Additionsmaschinen**) bedienen. Die einfacheren gestatten Ziffernreihen, die kunstvolleren ganze Postenreihen zu addieren, indem man entweder Tasten niederdrückt oder Ziffernräder dreht. Manche Addiermaschinen sind auch für Subtraktionen eingerichtet, bei anderen muß man sich, wie in **44**, mit der dekadischen Ergänzung helfen.

Über die Einrichtung der Addiermaschinen siehe Encyclopédie I, S. 239—247, Enzyklopädie I, S. 961—964, Galle I, Hoecken I, Katalog I, II, Lenz I, d'Ocagne II, VI. Die erste Additionsmaschine wurde schon von Blaise Pascal 1642 konstruiert.

46. Addition und Subtraktion ungenauer Zahlen. Die Fehlerfortpflanzung bei der Addition ist sehr einfach; sind die Summanden $a_1, a_2, \ldots, a_n$ einer Summe

$$a_1 + a_2 + \cdots + a_n = s$$

mit den absoluten Fehlern $\alpha_1, \alpha_2, \ldots, \alpha_n$ behaftet, so hat s, wie leicht einzusehen, den absoluten Fehler

$$\sigma = \alpha_1 + \alpha_2 + \cdots + \alpha_n.$$

Sind nun für die Fehler $\alpha_1, \alpha_2, \ldots, \alpha_n$ Schranken bekannt:

$$-\delta_1 \leq \alpha_1 \leq \varepsilon_1,$$
$$-\delta_2 \leq \alpha_2 \leq \varepsilon_2,$$
$$\cdots \cdots \cdots$$
$$-\delta_n \leq \alpha_n \leq \varepsilon_n,$$

so folgt hieraus sogleich

$$-(\delta_1 + \delta_2 + \cdots + \delta_n) \leq \sigma \leq \varepsilon_1 + \varepsilon_2 + \cdots + \varepsilon_n.$$

Ganz ähnlich ist es bei der Subtraktion. Haben in

$$a_1 - a_2 = t$$

a_1, a_2 die absoluten Fehler α_1, α_2, so hat t den absoluten Fehler

$$\alpha_1 - \alpha_2 = \tau,$$

und wenn wieder Schranken bekannt sind:

$$-\delta_1 \leq \alpha_1 \leq \varepsilon_1,$$
$$-\delta_2 \leq \alpha_2 \leq \varepsilon_2,$$

so folgt $\qquad -(\delta_1 + \varepsilon_2) \leq \tau \leq \delta_2 + \varepsilon_1.$

Es sind demnach bei der Addition die gleichnamigen Schranken zusammenzufassen, bei der Subtraktion vor der Zusammenfassung die des Subtrahends zu vertauschen.

Noch einfacher werden die Vorschriften, wenn Schranken für die absoluten Werte der Fehler gegeben sind. Es ist dann jedes ε gleich dem zugehörigen δ, und man hat

$$|\sigma| \leq \delta_1 + \delta_2 + \cdots + \delta_n,$$
$$|\tau| \leq \delta_1 + \delta_2.$$

Man kann sagen: bei Operationen erster Stufe (auch bei algebraischen Summen) hat man die Schranken der absoluten Werte der absoluten Fehler zu summieren.

Man beachte, daß bei der Subtraktion ebenfalls zu summieren ist.

Es sei etwa $\sqrt{12} + \sqrt{11}$ auf drei Dezimalstellen zu bestimmen. Es soll also der Absolutwert des absoluten Fehlers unter $\frac{1}{2} 10^{-3}$ liegen. Man kann die Schranke zu gleichen Teilen auf die beiden Summanden verteilen und jeden von beiden mit einem Fehler von höchstens $\frac{1}{4} 10^{-3}$ nehmen. Hierzu sind 4 Dezimalstellen erforderlich:

$$\sqrt{12} = 3{\cdot}4641$$
$$\sqrt{11} = 3{\cdot}3166$$
$$\overline{\sqrt{12} + \sqrt{11} = 6{\cdot}7807}$$

mit einem Fehler von höchstens $\pm\, 0{\cdot}0001$. Also liegt der richtige Wert zwischen $6{\cdot}7806$ und $6{\cdot}7808$, er ist daher auf drei Stellen genau $6{\cdot}781$.

Ist $\sqrt{12} - \sqrt{11}$ auf drei Dezimalstellen zu bestimmen, so ist zunächst genau so wie soeben vorzugehen. Man findet

$$\sqrt{12} - \sqrt{11} = 0{\cdot}1475$$

mit einem Fehler von höchstens $0{\cdot}0001$. Also liegt der richtige Wert zwischen $0{\cdot}1474$ und $0{\cdot}1476$ und das sichere Abkürzen auf drei Dezimalstellen ist nicht möglich. Man muß eine Stelle mehr nehmen:

$$\sqrt{12} = 3{\cdot}46410$$
$$\sqrt{11} = 3{\cdot}31662$$
$$\overline{\sqrt{12} - \sqrt{11} = 0{\cdot}14748}$$

§ 4. Addition und Subtraktion

mit einem Fehler von höchstens 0·00001. Der richtige Wert ist nunmehr zwischen 0·14747 und 0·14749 eingeschlossen, daher sicher auf drei Stellen genau 0·147.

47. Besondere Mittel zur Verringerung des relativen Fehlers bei Subtraktionen. Bei Subtraktionen wird, wenn der Betrag der Differenz klein ist, der relative Fehler (28) unverhältnismäßig groß. Zuweilen läßt sich durch eine Umformung des zu berechnenden Ausdrucks dieser Übelstand vermeiden.

So ist im Beispiel aus 46 $\sqrt{12} - \sqrt{11} = 0{\cdot}147$ die Schranke für den absoluten Wert des relativen Fehlers $\frac{1}{2 \cdot 147} = \frac{1}{294} = 0{\cdot}0034$.

Wendet man aber die Umformung

$$\sqrt{12} - \sqrt{11} = \frac{1}{\sqrt{12} + \sqrt{11}}$$

an, so ergibt sich: $\sqrt{12} + \sqrt{11} = 6{\cdot}781$, liegt also zwischen 6·7805 und 6·7815, folglich liegt $\sqrt{12} - \sqrt{11}$ zwischen

$$\frac{1}{6{\cdot}7815} = 0{\cdot}147460 \text{ und } \frac{1}{6{\cdot}7805} = 0{\cdot}147482,$$

ist also durch 0·147471 mit einem relativen Fehler dargestellt, der absolut genommen unter $\frac{0{\cdot}000011}{0{\cdot}147471} \doteq \frac{1}{13406} \doteq 0{\cdot}000075$ bleibt. Wollte man nur drei Stellen sicher haben, so könnte man mit weniger genauen Näherungswerten von $\sqrt{12}$ und $\sqrt{11}$ auslangen.

Die relative Genauigkeit ist (ungefähr) dieselbe, wie die von 6·781, die Fehlerschranke nämlich $\frac{1}{2 \cdot 6781} = \frac{1}{13562}$, wie aus der in 94 aufzustellenden Regel ohne weiteres folgt.

In ähnlicher Weise würde man $\sqrt[3]{a} - \sqrt[3]{b}$, wenn a und b wenig verschieden sind, als $\frac{a-b}{\sqrt[3]{a^2} + \sqrt[3]{ab} + \sqrt[3]{b^2}}$, $1 - \cos\varphi$, wenn φ ein kleiner Winkel ist, als $2\sin^2\frac{\varphi}{2}$, allgemeiner $\cos\varphi - \cos\psi$ als $-2\sin\frac{\varphi+\psi}{2}\sin\frac{\varphi-\psi}{2}$, $\sin\varphi - \sin\psi$ als $2\sin\frac{\varphi+\psi}{2}\cos\frac{\varphi-\psi}{2}$, $\log a - \log b$ als $\log\frac{a}{b}$ berechnen usw.

§ 5. Multiplikation.

48. Gewöhnliches Multiplikationsverfahren. Man spart beim gewöhnlichen Multiplikationsverfahren an Platz, wenn man mit der höchsten Stelle des Multiplikators zu multiplizieren beginnt, weil dann die folgenden Teilprodukte nach rechts zurücktreten, und wenn man die Zahl mit weniger Stellen zum Multiplikator macht, weil es dann weniger Teilprodukte gibt.

Auch wegen der abgekürzten Multiplikation (**67**) ist das Beginnen mit der höchsten Stelle zweckmäßig.

Man kann auch bei vielen Teilprodukten mit weniger Raum ausreichen, wenn man die Teilprodukte entweder staffelförmig, d. h. jede ihre Ziffern eine Zeile tiefer (oder höher) als die vorhergehende schreibt, oder indem man die späteren Teilprodukte, sobald Platz wird, nicht unter, sondern neben die schon vorhandenen setzt. Z. B. nimmt die Multiplikation

$$
\begin{array}{r}
723 \cdot 289126 \\ \hline
1446 \\
5784 \\
6507 \\
723 \\
1446 \\
4338 \\ \hline
209038098
\end{array}
$$

dann folgende Formen an:

$$
\begin{array}{r}
723 \cdot 289126 \\ \hline
647368 \\
480243 \\
475743 \\
156\ \ 14 \\ \hline
209038098
\end{array}
\qquad
\begin{array}{r}
723 \cdot 289126 \\ \hline
156\ \ 14 \\
475743 \\
480243 \\
647368 \\ \hline
209038098
\end{array}
\quad \text{oder} \quad
\begin{array}{r}
723 \cdot 289126 \\ \hline
14461446 \\
57844338 \\
6507 \\
723 \\ \hline
209038098
\end{array}
$$

Hat der Multiplikator nur eine Ziffer, so wird das Produkt sofort angeschrieben; auch beim Multiplikator 12 läßt sich noch so rechnen; wer das große Einmaleins kann, wird noch höher gehen dürfen.

Als Zeichen der Multiplikation dient bei wissenschaftlichen Rechnungen ziemlich ausschließlich der Punkt ($\cdot$), da das liegende Kreuz ($\times$) leicht mit x verwechselt wird.

49. Rechenvorteile beim Multiplizieren. Kommt die Ziffer 1 im Multiplikator vor, so kann der Multiplikand gleich als ein Teilprodukt verwendet werden; ungezwungen allerdings nur, wenn Eins die erste oder die letzte Ziffer ist, weil sonst die Reihenfolge der Teilprodukte gestört wird.

Ist der Multiplikator 11, 111, 101, so braucht man gar keine Teilprodukte anzuschreiben, sondern nur je zwei nebeneinanderstehende, je drei nebeneinanderstehende, je zwei durch eine Ziffer getrennte Ziffern zu addieren, wobei links und rechts Nullen angehängt zu denken sind, z. B.

$$6189 \cdot 11 = 68079$$

9; 9 + 8 = 17 (7 angeschrieben); 1. 1 + 8 + 1 = 10 (0 angeschrieben); 1. 1 + 1 + 6 = 8. 6.

Läßt sich der Multiplikator in Faktoren zerlegen, mit denen man bequem multiplizieren kann, so kann man diese Multiplikationen nacheinander ausführen, z. B. kann man mit 24 multiplizieren, indem man mit 6 und dann das Ergebnis noch mit 4 multipliziert usw.

Nicht immer sind einstellige Multiplikatoren durchaus vorzuziehen; so z. B. ist die Multiplikation mit 81 bequemer als die zweimalige Multiplikation mit 9, die Multiplikation mit 21 bequemer als die Multiplikationen mit 3 und mit 7.

Die Multiplikation mit 5, 25, 125, ... kann man durch eine Division durch 2, 4, 8, ... und eine (vorhergehende oder nachfolgende) Multiplikation mit 10, 100, 1000, ... ersetzen. Allgemeiner kann man überhaupt den einen Faktor eines Produkts durch eine Zahl dividieren, den andern mit derselben Zahl multiplizieren, z. B.

$$36 \cdot 1{\cdot}75 = \frac{36}{4} \cdot 1{\cdot}75 \cdot 4 = 9 \cdot 7 = 63.$$

Manchmal kann man ein Teilprodukt bequemer aus einem schon vorhandenen als unmittelbar berechnen, auch wohl zwei oder mehrere Ziffern des Multiplikators in geeigneter Weise zusammenfassen. Z. B.

```
682 · 2489
─────────
    1364
    2728
    5456
    6138
─────────
 1697498
```

Das zweite Teilprodukt ist das Doppelte des ersten, das dritte das Doppelte des zweiten, das vierte die Summe aus dem dritten und dem Multiplikand.

```
519 · 42743
───────────
       3633
      21798
      22317
───────────
   22183617
```

Man bildet zuerst 519 · 7, dann das Sechsfache dieser Zahl, d. i. 519 · 42, und rückt dies um eine Stelle nach links ein, endlich fügt man 519 dazu und rückt um drei Stellen nach rechts ein.

Das in älteren Werken manchmal angegebene Verfahren, das letzte Teilprodukt nicht anzuschreiben, sondern gleich in die Summe einzuzählen, kann nicht empfohlen werden, da dadurch das Nachrechnen sehr erschwert wird. Auszunehmen wäre nur etwa der Fall der Multiplikation mit 11, 12, 13, ..., 19 und mit 21, 31,..., 91, wo jedesmal die Nachbarziffer mit addiert wird.

Zuweilen kann von der Formel

$$(a + b)(a - b) = a^2 - b^2$$

nützlicher Gebrauch gemacht werden, namentlich beim Kopfrechnen, wenn man eine größere Anzahl von Quadratzahlen auswendig weiß;

z. B. $7 \cdot 27 = 17^2 - 10^2 = 289 - 100 = 189,$

$27 \cdot 37 = 32^2 - 5^2 = 1024 - 25 = 999,$

$98 \cdot 104 = 101^2 - 3^2 = 10201 - 9 = 10192$ oder

$98 \cdot 104 = 98 \cdot 102 + 98 \cdot 2 = 100^2 - 2^2 + 196 = 10000 + 192$
$= 10192.$

50. Zurückführung der Multiplikation auf Verdoppelungen und Halbierungen. Eine eigentümliche Anwendung des Grundsatzes, daß man von den Faktoren eines Produkts einen mit einer Zahl multiplizieren, den anderen durch dieselbe Zahl dividieren darf, zeigt die folgende Multiplikationsmethode (die nach M. Plackowo, Journal de math. élém., 4ème série, tome 5 (1896), S. 23 bei den russischen Bauern im Gebrauch sein soll; vgl. etwa auch W. Ahrens, Altes und Neues aus der Unterhaltungsmathematik, Berlin 1918, S. 83): Man verdopple den einen Faktor und halbiere den anderen; entsteht dabei der Bruch $\frac{1}{2}$, so wird er unterdrückt, aber dem anderen Faktor ein Zeichen, etwa ein Stern, beigefügt. Dieser Vorgang wird so oft wiederholt, bis der eine Faktor in 0 verwandelt ist; die Summe aller mit Sternen bezeichneten Zahlen ist das Produkt. Z. B.

$54 \cdot 33$
$27 \cdot 66^*$
$13 \cdot 132^*$ $1056 + 528 + 132 + 66 = 1782.$
$6 \cdot 264$
$3 \cdot 528^*$ $54 \cdot 33 = 1782.$
$1 \cdot 1056^*$
$0 \cdot \ldots$

51. Anwendung negativer Ziffern beim Multiplizieren. Läßt sich der Multiplikator durch Anwendung negativer Ziffern (23) vereinfachen, so wird dadurch auch die Multiplikation erleichtert; z. B.

$68 \cdot 398 = 68 \cdot 40\bar{2} = 68 \cdot (400 - 2) = 27200 - 136 = 27064;$

$26 \cdot 9803 = 26 \cdot 10\bar{2}03 = 260000 - 5200 + 78 = 254878.$

Auch beide Faktoren können in dieser Weise zerlegt werden; z. B.

$997 \cdot 280 = 100\bar{3} \cdot 3\bar{2}0 = (1000 - 3)(300 - 20)$
$= 300000 - 20000 - 90 + 60 = 279160.$

Eine zu weit gehende Mischung positiver und negativer Ziffern dürfte beim Multiplizieren wegen der Möglichkeit von Vorzeichenfehlern nicht anzuraten sein.

52. Anlegung einer Vielfachentabelle. Hat der Multiplikator sehr viele Stellen oder tritt eine Zahl sehr oft als Multiplikand auf, so kann es vorteilhaft sein, die Vielfachen des Multiplikanden bis zum Neunfachen (ausnahmsweise auch bis zum Neunundneunzigfachen) in eine Tabelle zu bringen, aus der man die Teilprodukte dann nur zu entnehmen hat. Die Berechnung der Vielfachen geschieht bequem durch wiederholte Addition, am besten mit einem Schiebzettel (15), auf den der Multiplikand geschrieben wird.

Ein Beispiel liefern die Tabellen der Vielfachen der Umrechnungsfaktoren 2·3025... und 0·4343... zwischen gemeinen und natürlichen Logarithmen, wie man sie in den Logarithmentafeln findet.

In vielen Werken sind die Vielfachen der Zahl π zusammengestellt, oft unter dem Namen Kreisumfänge. Die Produkte von π mit den Quadratzahlen erscheinen als Kreisinhalte. GREVE I, II und LALANDE I enthalten auch die Vielfachen von $\frac{1}{\pi}$ bis zum Neunundneunzigfachen.

53. Anlegung einer abgekürzten Vielfachentabelle. Wenn sich die Anlegung einer solchen Tabelle nicht lohnt, so lehrt die in **25** gegebene Darstellung aller Ziffern, daß auch eine Tabelle des Einfachen, des Zweifachen und des Fünffachen (zu deren Herstellung es nur einer Verdoppelung und einer Halbierung bedarf) von Vorteil ist. Die Multiplikation 617 · 738 würde z. B. dann so aussehen:

```
                          3085
                          1234
  1 · 617 =  617          1234
  2 · 617 = 1234           617
  5 · 617 = 3085          3085
                          1234
                           617
                        ──────
                        455346
```

Man vergleiche auch das Verfahren in **61**.

54. Vielfachentafeln. Es gibt auch gedruckte Zusammenstellungen der Vielfachen bis zum Neunfachen, die nach der in **52** gegebenen Anweisung zu benutzen sind, so CRELLE I, BRETSCHNEIDER I, ESERSKY I. Der Multiplikand geht bei CRELLE bis 10^7, bei BRETSCHNEIDER und bei ESERSKY bis 10^5.

Auch die in sehr vielen Zahlentafeln enthaltenen Tafeln der Proportionalteile (136) sind nichts anderes als Vielfachentafeln und können als solche verwendet werden.

55. Die Neperschen Rechenstäbchen. Eine Art zusammensetzbarer Vielfachtafeln sind die Neperschen Rechenstäbchen (*bacilli Neperiani* oder *virgulae numeratrices*), die nach ihrem Erfinder John Neper oder Napier, der auch aus der Geschichte der Logarithmen bekannt ist, benannt sind.

Die Neperschen Rechenstäbchen sind längliche Stäbchen aus Holz oder Pappe, die am Kopf eine Ziffer und darunter in 9 Fächern die ersten 9 Vielfachen dieser Ziffer enthalten. Beistehend ist das Stäbchen mit der Kopfziffer 8 abgebildet.

Um die ersten Vielfachen einer Zahl, z. B. 61088, zu bestimmen, wählt man Stäbchen mit den Kopfziffern 6, 1, 0, 8, 8 aus und legt sie nebeneinander. Man hat dann z. B. im siebenten Fach folgendes Bild:

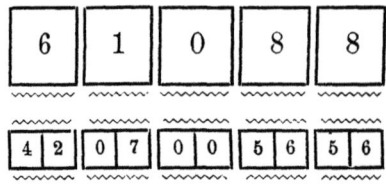

Von den Ziffern 4, 2, 0, 7, 0, 0, 5, 6, 5, 6 in diesem Fach haben außer der linken und der rechten Randziffer immer zwei benachbarte denselben Stellenwert. Zieht man diese zusammen, wodurch die Zehnerübertragung ausgeführt wird, so entsteht das Produkt:

$$4\,2\,0\,7\,0\,0\,5\,6\,5\,6$$
$$4\ \ 2\ \ \ 7\ \ \ 5\ \ 11\ \ 6$$

also $\qquad 61088 \cdot 7 = 427616.$

Diese Zusammenziehung wird etwas erleichtert, wenn die Vielfachen auf den Stäbchen staffelförmig geschrieben sind, z. B.

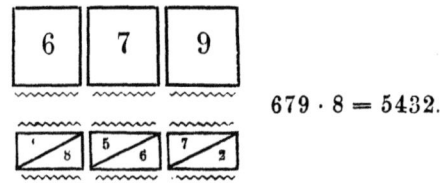

$679 \cdot 8 = 5432.$

56. Die *réglettes multiplicatrices* von Génaille und Lucas. Eine Verbesserung der Neperschen Rechenstäbchen sind die *réglettes multiplicatrices* von H. Génaille und E. Lucas; bei ihnen wird die Zehnerübertragung in eigenartiger Weise selbsttätig vorgenommen.

Wie bei den NEPERschen enthält jedes Stäbchen eine Kopfziffer und neun Fächer, die aber hier ungleich groß sind. Ist die Kopfziffer etwa a, so enthält das b-te Fach das Produkt ab in der Weise, daß die Einerziffer von ab und die $b-1$ darauffolgenden Ziffern (wobei 0 als auf 9 folgend angesehen wird) untereinandergeschrieben und links davon ein Dreieck gezeichnet ist, das mit der Grundlinie an diesen Ziffern anliegt und mit der Spitze um so viele Stufen tiefer führt, als ab Zehner aufweist. Das Dreieck umfaßt das ganze Fach, nur wenn ein Übergang von 9 zu 0 vorkommt, so reicht es nur bis 9 und die Ziffern 0, 1 ... erhalten ein zweites Dreieck, das noch um eine Stufe tiefer führt. Die Abbildung rechts zeigt das Stäbchen mit der Kopfziffer 6.

Multipliziert man eine Zahl mit der einziffrigen Zahl b, so sind bei jedem Schritt höchstens $b-1$ Zehner zu übertragen. Die größte Anzahl Zehner entsteht offenbar, wenn die Ziffern des Multiplikanden Neuner sind. Nun hat das Produkt

$$9b = 10b - b = 10(b-1) + (10-b)$$

$b-1$ Zehner und selbst bei den folgenden Schritten kommen nie mehr als $b-1$ Zehner zustande, weil

$$9b + b - 1 = 10(b-1) + 9.$$

Um die ersten neun Vielfachen einer Zahl, z. B. 3729 zu bestimmen, lege man Stäbchen mit den Kopfziffern 3, 7, 2, 9 nebeneinander und links vor das erste noch ein Abschlußstäbchen, das dieselben Ziffern wie ein Stäbchen mit der Kopfziffer 0, aber statt der Dreiecke die Nummern der Fächer enthält. Man erhält nun jedes Vielfache, indem man in dem betreffenden Fach bei der obersten Ziffer des letzten Stäbchens rechts anfangend immer den Dreiecken nach die Ziffern aus den Stäbchen abliest. Die Abbildung links zeigt z. B. das 7. Fach; man liest ab:

$$7 \cdot 3729 = 26103.$$

Die Rechenstäbchen und die *réglettes multiplicatrices* sind im Handel erhältlich, können aber auch von jedermann mit geringer Mühe selbst hergestellt werden und sind ein vortrefflicher Ersatz für die Vielfachentafeln. Hat man z. B. drei Serien von je 10 Stäbchen (und ein Abschlußstäbchen) zur Verfügung, so kann man die Vielfachen aller vierstelligen Zahlen (mit Ausnahme der 9 Zahlen 1111, 2222..., 9999) und noch einer sehr großen Menge weiterer Zahlen damit bestimmen.

57. Produkttafeln. Zur Erleichterung der Multiplikation hat man auch Tafeln berechnet, bei denen beide Faktoren bis zu mehreren Stellen gehen. Sie stellen gewissermaßen ein großes Einmaleins dar und werden **Produkttafeln, Multiplikationstafeln**, auch wohl **Pythagoreische Tafeln** genannt.

Die wichtigsten Produkttafeln sind Crelle V, H. Zimmermann I, Cario-Schmidt I, Peters I (in Format und Ausstattung der Tafel Crelle V angeglichen), Weiskircher I.

Sonst seien noch genannt Ernst I, Kühtmann I, L. Zimmermann I, II, Tafeln, die die Produkte nur mit gewissen Nebenrechnungen liefern.

Die Tafeln von Crelle und von Cario-Schmidt reichen bis $10^3 \cdot 10^3$, die von H. Zimmermann und von Weiskircher bis $10^2 \cdot 10^3$, die von Peters bis $10^2 \cdot 10^4$. Um Ziffern und Raum zu sparen, sind in verschiedener Weise Anfangs- oder Endziffern, die mehreren Produkten gemeinsam sind, abgetrennt und nur einmal angeführt (**9**). Bei der Tafel von Cario und Schmidt ist außerdem der Gedanke verwertet, daß von zwei Produkten, die durch Vertauschung der Faktoren ineinander übergehen, wegen des kommutativen Gesetzes der Multiplikation nur eines aufgenommen zu werden braucht. Der Umfang der Tafel wird dadurch (nahezu) auf die Hälfte vermindert, aber die Vielfachen einer Zahl vom Einfachen bis zum 999fachen sind infolgedessen mehr oder minder stark über die Tafel verstreut, was manchmal unbequem ist.

Namentlich beim Dividieren (**82**) wird dieser Übelstand sehr fühlbar.

Die günstigste Anordnung haben die Tafeln von Crelle und von Peters. Jene enthält für jede Zahl unter 1000 alle Vielfachen bis zum 999fachen auf einer halben Folioseite, diese für jede Zahl unter 10000 alle Vielfachen bis zum 99fachen in einer Spalte.

58. Anwendung der Produkttafeln bei größeren Multiplikationen. Um solche Produkttafeln zur Erleichterung von Multiplikationen vielstelliger Zahlen zu benutzen, zerlegt man die Faktoren in Gruppen von 2, 3, 4 Ziffern (je nach der Tafel), entnimmt die Teilprodukte der Tafel und addiert sie schließlich unter gehöriger Berücksichtigung des Stellenwertes. Bei Verwendung der Tafeln, die bis $1000 \cdot 1000$ gehen, sind z. B. beide Faktoren, am besten rechts beginnend, in Gruppen von je drei Ziffern zu zerlegen (man rechnet gewissermaßen im Zahlensystem mit der Grundzahl 1000). Will man etwa das Produkt $23\,076\,422 \cdot 639\,205\,918$

berechnen, so zerlege man so:

$$23|076|422 \cdot 639|205|918$$

und entnehme aus der Tafel die Produkte

$23 \cdot 639 = 14\,697$	$76 \cdot 639 = 48\,564$	$422 \cdot 639 = 269\,658$
$23 \cdot 205 = 4\,715$	$76 \cdot 205 = 15\,580$	$422 \cdot 205 = 86\,510$
$23 \cdot 918 = 21\,114$	$76 \cdot 918 = 69\,768$	$422 \cdot 918 = 387\,396;$

diese schreibe man zusammen und addiere:

```
14 697                     oder etwas sparsamer angeordnet:
   4 715
    21 114
     48 564                14 697 269 658
      15 580                  4 715 86 510
       69 768                    21 114 387 396
       269 658                       48 564
         86 510                       15 580
           387 396                      69 768
─────────────────          ─────────────────
14 750 585 508 665 396     14 750 585 508 665 396,
```

so hat man das vollständige Produkt.

59. Symmetrische Multiplikation. Beim gewöhnlichen Multiplikationsverfahren werden die Produkte der einzelnen Ziffern der beiden Faktoren so angeordnet, daß immer eine Ziffer des Multiplikators vollständig erledigt wird. Nimmt man dagegen immer alle solchen Ziffernprodukte, die denselben Stellenwert haben, nacheinander vor, so entsteht ein andres Multiplikationsverfahren, das die **geordnete Multiplikation** (oder **methodische Multiplikation**) genannt wird. Es führt auch den Namen **symmetrische Multiplikation**, weil dabei der Unterschied zwischen Multiplikand und Multiplikator entfällt.

Die symmetrische Multiplikation ist schon den Indern als **blitzbildende** (vajrâbhyâsa) bekannt gewesen (s. auch **60**).

Hat man z. B. das Produkt $974 \cdot 689$ zu bilden, so erhält man:

$$\begin{aligned}
\text{Einer} \quad & 4 \cdot 9 = 36 \\
\text{Zehner} \quad & 4 \cdot 8 + 7 \cdot 9 = 95 \\
\text{Hunderter} \quad & 4 \cdot 6 + 7 \cdot 8 + 9 \cdot 9 = 161 \\
\text{Tausender} \quad & 7 \cdot 6 + 9 \cdot 8 = 114 \\
\text{Zehntausender} \quad & 9 \cdot 6 = 54.
\end{aligned}$$

Diese Teile schreibe man, am besten staffelförmig (**48**), an und addiere:

```
44156
51693
   11
──────
671086.
```

Zur Erleichterung dieser Operationen kann man sich der folgenden Striche bedienen, die man entweder wirklich oder nur in Gedanken einzeichnet:

974	974	974	974	974
|	×	✳	×	|
689	689	689	689	689.

Die sich dabei bildenden Kreuze haben diesem Multiplikationsverfahren auch den Namen **Multiplikation übers Kreuz** (sprachlich falsch: kreuzweise Multiplikation) eingetragen.

Weit bequemer ist es aber, nach FOURIER I, S. 190 den einen Faktor mit verkehrter Anordnung der Ziffern auf einen Streifen Papier (Schiebzettel, 15) zu schreiben; diesen Streifen hält man zunächst über das Schreibblatt, daß Einer über Einer kommen, dann schiebt man ihn immer um eine Stelle nach links und bildet in jeder dieser Stellungen die Summe der Produkte je zweier übereinanderstehender Ziffern:

	479			479			479			479			479	
689	689	689	689	689
36	95	161	114	54

usw. wie vorhin.

Man achte hier darauf, daß man sonst übereinanderstehende Ziffern nur zu addieren oder zu subtrahieren gewohnt ist.

Wer zweistellige Zahlen im Kopf addieren kann, kann auf diese Weise das Produkt von rechts nach links Ziffer für Ziffer bilden, ohne irgendein Zwischenergebnis anzuschreiben.

Die in 49 angeführten Regeln für die Multiplikation mit 11, 111, 101 können als Anwendung der symmetrischen Multiplikation angesehen werden.

60. Die indische Netzmethode. Der symmetrischen Multiplikation nahe steht die Netzmethode der Inder. Denkt man sich die Produkte des Multiplikanden mit den einzelnen Ziffern des Multiplikators, wie es bei den NEPERschen Rechenstäbchen (55) beschrieben ist, gebildet und untereinandergesetzt, so kann man das Produkt durch Summierung längs der schiefen Reihen bilden. Die Aufgabe 974·689 aus 59 bietet z. B. folgendes Bild:

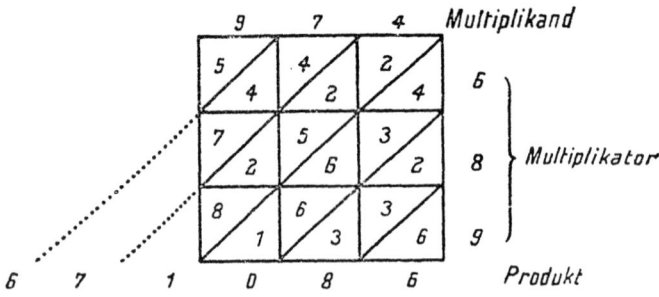

Die Netzmethode würde sich bei Verwendung negativer Ziffern empfehlen, z. B. $974 = 10\bar{3}4$, $689 = 1\bar{3}11$:

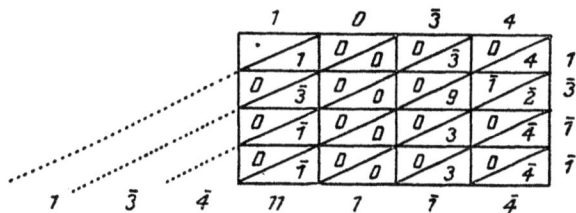

$1\bar{3}\bar{3}11\bar{1}4 = 671\,086$ Produkt.

61. Darstellung eines Faktors mit den Ziffern 1, 2, 5. Wird einer der beiden Faktoren nach **24** in der Form

$$A + 2B + 2C + 5D$$

dargestellt, wo A, B, C, D keine anderen Ziffern als 0 und 1 enthalten, so sind die Produkte des anderen Faktors mit den Zahlen A, B, C, D zu bilden und diese Produkte in derselben Weise zusammenzusetzen, was auf Verdoppelungen, Halbierungen und Additionen hinauskommt. Die Multiplikation mit einem Faktor, der nur die Ziffern 0 und 1 enthält, ist sehr bequem nach der symmetrischen Multiplikation (mit dem Papierstreifen, **59**) auszuführen und besteht dann aus bloßen Additionen.

Bei dieser Art zu rechnen kommen also außer Verdoppelungen und Halbierungen nur Additionen vor.

Z. B.: $689 = 5 \cdot 111 + 2 \cdot 11 + 2 \cdot 1 + 1 \cdot 110$.

$$
\begin{array}{rlrl}
974 \cdot 111 &= 108\,114 & \quad 108\,114 \cdot 5 &= 540\,570 \\
974 \cdot 11 &= 10\,714 & 10\,714 \cdot 2 &= 21\,428 \\
974 \cdot 1 &= 974 & 974 \cdot 2 &= 1\,948 \\
974 \cdot 10 &= 9\,740 & 107\,140 \cdot 1 &= 107\,140 \\
& & & \overline{671\,086.}
\end{array}
$$

Das in **53** beschriebene Zerlegungsverfahren ist dem hier angegebenen verwandt.

62. Tafeln der Viertelquadrate. Schon in **49** ist auf die Verwertung der Formel $(a + b)(a - b) = a^2 - b^2$ für Multiplikationsaufgaben hingewiesen worden. Will man diesen Gedanken auf ein beliebiges Produkt xy anwenden, so hat man a und b so zu bestimmen, daß

$$a + b = x, \quad a - b = y$$

wird, also

$$a = \frac{x+y}{2}, \quad b = \frac{x-y}{2}$$

zu setzen. Man kommt also zu der Formel

$$xy = \frac{1}{4}(x+y)^2 - \frac{1}{4}(x-y)^2;$$

man sieht, daß es für die Anwendung am günstigsten ist, für jedes Argument den vierten Teil des Quadrats verzeichnet zu haben. Dieser Erwägung verdanken die Tafeln der Viertelquadrate ihre Entstehung.

Die beste Tafel dieser Art ist BLATER I. Sie gibt die Viertelquadrate aller Zahlen bis 200000, wobei durch geeignete Zerlegung der Argumente und der Funktionswerte eine sehr große Ersparnis an Raum erreicht ist (vgl. 9). Mit dieser Tafel kann man also durch zweimaliges Eingehen und eine Subtraktion das Produkt zweier Zahlen, deren Summe kleiner als 200000 ist, also insbesondere das Produkt irgend zweier fünfstelliger Zahlen, bestimmen.

Für ein ungerades Argument $a = 2n + 1$ ist in der BLATERschen Tafel beim Viertelquadrat

$$\frac{a^2}{4} = \frac{(2n+1)^2}{4} = n^2 + n + \frac{1}{4}$$

der Bruch $\frac{1}{4}$ jedesmal weggelassen. Da Summe und Differenz zweier ganzer Zahlen x und y stets beide gerade oder beide ungerade sind, so hebt sich dieser Bruch $\frac{1}{4}$ beim Subtrahieren heraus und man braucht darauf bei der Benützung als Multiplikationstafel keine Rücksicht zu nehmen.

Ist z. B. $62436 \cdot 114207$ zu berechnen, so bilde man

$$114207 + 62436 = 176643 \text{ und } 114207 - 62436 = 51771$$

und gehe mit diesen beiden Zahlen in die Tafel ein; man findet $7\,800\,687\,362$ und $670\,059\,110$; der Unterschied dieser beiden Zahlen

$$\begin{array}{r} 7\,800\,687\,362 \\ 670\,059\,110 \\ \hline 7\,130\,628\,252 \end{array}$$

ist das gesuchte Produkt.

Eine kleinere Tafel dieser Art ist BOJKO I. Sie reicht bis 20000; sonst ist sie ähnlich eingerichtet wie die von BLATER, nur noch etwas gedrängter als diese, indem noch benützt ist, daß die Viertelquadrate zweier Zahlen, die sich auf 20000 ergänzen, in den letzten vier Ziffern übereinstimmen.

63. Andere Multiplikationstafeln mit einfachem Eingang. Das Eigentümliche an dem Hilfsmittel der Viertelquadrate ist, daß zur Bestimmung des Produkts zweier Faktoren, also einer Funktion von zwei Veränderlichen, eine Tafel einer Funktion einer einzigen Veränderlichen verwendet wird.

Es gibt noch andere derartige Mittel zur Ausführung der Multiplikation, die durch die Formeln

$$xy = \frac{1}{2}(x+y)^2 - \frac{1}{2}x^2 - \frac{1}{2}y^2,$$

$$xy = \Delta(x) + \Delta(y-1) - \Delta(x-y)$$
$$= \Delta(x-1) + \Delta(y) - \Delta(x-y-1),$$

wo $\Delta(n) = \frac{n(n+1)}{2}$, der Dreieckszahl von n ist,

angegeben werden. Um alle Multiplikationen bis $n \cdot n$ ausführen zu können, bedarf man für die erste Formel der halben Quadrate bis $\frac{1}{2}(2n)^2$, für die beiden andern der Dreieckszahlen bis $\Delta(n)$. Größere Tafeln dieser Art gibt es keine. Alle drei Formeln erfordern übrigens ein dreimaliges Eingehen in die Tafel und stehen schon dadurch den Viertelquadratformeln nach. Nur wenn man die Quadrate von x und y schon kennt oder ohnedies braucht (z. B. bei der Methode der kleinsten Quadrate), so kommt die erste Formel in der Gestalt

$$xy = \frac{1}{2}[(x+y)^2 - x^2 - y^2]$$

in Frage.

Auch die Logarithmentafeln sind als eine Multiplikationstafel mit einfachem Eingang anzusehen (vgl. **127**).

Ferner könnte man, auf die Formel

$$\cos\varphi \cos\psi = \frac{1}{2}\cos(\varphi - \psi) + \frac{1}{2}\cos(\varphi - \psi)$$

gestützt, eine Tafel der Kosinus als eine Multiplikationstafel mit einfachem Eingang verwenden. Diese Anwendung ist vor der Erfindung der Logarithmen tatsächlich gemacht worden; man nannte dies die **prosthaphäretische Methode**.

Über Formeln ähnlicher Art für mehr als zwei Faktoren sehe man Enzyklopädie **I**, S. 947, Anm. [41]), Encyclopédie **I**, S. 218, Anm. [67]).

64. Komplementäre Multiplikation. Das Produkt zweier Zahlen x, y läßt sich (nach CAUCHY **I**) zuweilen auf folgende Art am bequemsten bestimmen: man bilde die Summe $x+y$, zerlege sie auf andere Art in zwei Summanden x', y'

$$x + y = x' + y',$$

deren Produkt sich leicht bilden läßt und rechne nun nach einer der Formeln
$$xy = x'y' + (x-x')(y-x'),$$
$$xy = x'y' + (x-y')(y-y').$$

Dieser Vorgang wird komplementäre Multiplikation genannt. Man hat z. B., weil $47 + 73 = 120 = 50 + 70$ ist,

$$47 \cdot 73 = 50 \cdot 70 + (47 - 50)(73 - 50) = 3500 - 3 \cdot 23 = 3431.$$

Häufig angewendete Spezialfälle sind:

$$x = m + \alpha, \ y = m + \beta; \ x' = 2m, \ y' = \alpha + \beta,$$

daher $(m + \alpha)(m + \beta) = 2m(\alpha + \beta) + (m - \alpha)(m - \beta)$

für $m = 5$; $\alpha, \beta = 0, 1, 2, 3, 4$, für $m = 10$; $\alpha, \beta = 0, 1, 2, \ldots, 9$ und für $m = 50$; $\alpha, \beta = 0, 1, 2, \ldots, 49$. Z. B.

$$77 \cdot 86 = 100 \cdot (27 + 36) + 23 \cdot 14 = 6300 + 322 = 6622.$$

Hat man eine Produkttafel bis $1000 \cdot 1000$ zur Verfügung, so käme auch noch der Fall $m = 1000$; $\alpha, \beta = 0, 1, 2, \ldots, 999$ in Betracht.

Der Fall $m = 5$ führt nicht über das kleine Einmaleins hinaus, kommt also wohl für einen wissenschaftlichen Rechner nicht in Betracht; dagegen findet dieser Rechenvorgang in manchen Gegenden im Volke Anwendung und zwar werden die Hände zu Hilfe genommen. Ist z. B. $7 \cdot 9$ zu rechnen, so werden an der einen Hand $7 - 5 = 2$, an der andern $9 - 5 = 4$ Finger ausgestreckt, die andern 3 und 1 Finger eingeschlagen; die Anzahl 6 der ausgestreckten Finger gibt die Zehner, das Produkt $3 \cdot 1 = 3$ der Anzahlen der eingeschlagenen die Einer des gesuchten Produkts.

65. Proben für die Multiplikation. Als Proben für die Multiplikation dienen die Vertauschung von Multiplikand und Multiplikator oder die Multiplikation nach einer andern Methode.

Über Restproben siehe **97**.

66. Fehlerfortpflanzung bei der Multiplikation ungenauer Zahlen. Hat man zwei Zahlen a, b zu multiplizieren, die durch Näherungswerte a_0, b_0 mit Fehlern α, β dargestellt sind:

$$a = a_0 - \alpha, \ b = b_0 - \beta,$$

so zeigt die Formel

$$ab = a_0 b_0 - \alpha b_0 - \beta a_0 + \alpha\beta,$$

daß der absolute Fehler, den man begeht, indem man $a_0 b_0$ als Näherungswert für das Produkt ab nimmt, gleich

$$\alpha b_0 + \beta a_0 - \alpha\beta$$

ist. Der relative Fehler ergibt sich daraus, indem man durch $a_0 b_0$ (statt durch ab, **28**) dividiert, zu

$$\frac{\alpha}{a_0} + \frac{\beta}{b_0} - \frac{\alpha}{a_0} \cdot \frac{\beta}{b_0}.$$

Nun ist beim praktischen Rechnen α stets klein gegen a_0, β klein gegen b_0. Man kann daher in den beiden Ausdrücken je das dritte Glied unterdrücken und den absoluten Fehler gleich

$$\alpha b_0 + \beta a_0,$$

den relativen gleich $\quad \dfrac{\alpha}{a_0} + \dfrac{\beta}{b_0}$

setzen. Die letzte Formel läßt sich besonders leicht in Worte fassen: **Der relative Fehler eines Produkts ist gleich der Summe der relativen Fehler der Faktoren.** Der Satz gilt, wie sofort zu sehen, auch für Produkte von mehr als zwei Faktoren.

Ist einer der beiden Faktoren genau, so hat das Produkt denselben relativen Fehler wie der andere Faktor.

Sind daher Schranken für die relativen Fehler der Faktoren bekannt, so liefert deren Summe Schranken für den relativen Fehler des Produkts. Insbesondere ist die Summe der Schranken für die absoluten Beträge der relativen Fehler der Faktoren eine Schranke für den absoluten Betrag des relativen Fehlers des Produkts. Braucht man Schranken für den absoluten Fehler, so hat man mit dem Produkt zu multiplizieren.

67. Rechenmethoden für die Multiplikation ungenauer Zahlen.
Da nach dem in 5 Gesagten die Multiplikation der beiden Faktoren, wenn diese nur Näherungswerte sind, nur mit beschränkter Genauigkeit auszuführen ist, so wird man die Ziffernprodukte von geringerem Stellenwert gar nicht erst berechnen. Hierzu eignet sich besonders das Verfahren der symmetrischen Multiplikation (**59**), weil bei dieser die Ziffernprodukte ohnedies nach dem Stellenwert geordnet sind. Man hat genau zu rechnen wie sonst, nur daß man die Rechnung früher abbricht.

Indessen kann man auch die gewöhnliche Multiplikationsmethode anwenden und hier die überflüssigen Ziffernprodukte unterdrücken. Man pflegt den Multiplikator mit verkehrter Ordnung der Ziffern unter den Multiplikator zu schreiben und zwar so, daß die Einer unter die Ziffer jenes Stellenwerts kommen, den man im Produkt noch erzielen will; dann beginnt man beim Bilden der Teilprodukte jedesmal mit der über der Multiplikatorziffer stehenden Ziffer des Multiplikands (von der nächsten kann man noch Korrektur nehmen). Dieses Verfahren wird **abgekürzte Multiplikation** genannt.

Es ist vorteilhafter, wenn man schon die nächsten Ziffernprodukte noch bestimmt, um von ihnen Korrektur zu nehmen, sie zu einer Summe zusammenzufassen, d. h. also die Rechnung auf eine Stelle mehr durchzuführen; denn die Korrekturfehler können im ungünstigen Falle alle oder zum großen Teil im gleichen Sinne wirken und dadurch den Fehler vergrößern. Die symmetrische Multiplikation hat den Vorzug, daß man sich die Entscheidung über die Stellenzahl bis zuletzt vorbehalten kann.

Betrifft der Gewinn durch die abgekürzte Rechnung nur wenige Ziffernprodukte, so kann man wohl auch darauf verzichten und das Produkt genau rechnen, um sich die Abschätzung des Rechnungsfehlers (**68**) ganz zu ersparen.

68. Abschätzung des Rechnungsfehlers beim abgekürzten Multiplizieren.

Um den Einfluß der bei einer der beiden Methoden in **67** unterdrückten Teilprodukte abzuschätzen, denke man sich die Faktoren in der Form

$$a_n 10^n + a_{n-1} 10^{n-1} + \cdots$$
$$b_m 10^m + b_{m-1} 10^{m-1} + \cdots$$

angesetzt; hierbei ist für die Ziffern a und b, die nicht mehr vorkommen, Null zu nehmen. Sollen die Ziffernprodukte bis zum Rang 10^k berücksichtigt werden, so betragen die weggelassenen Glieder

$$(a_n b_{k-n-1} + a_{n-1} b_{k-n} + \cdots + a_{k-m-1} b_m) 10^{k-1} +$$
$$+ (a_n b_{k-n-2} + a_{n-1} b_{k-n-1} + \cdots + a_{k-m-2} b_m) 10^{k-2} +$$
$$+ \cdots \cdots \cdots \cdots \cdots \cdots \cdots \cdots \cdots \cdots \cdots$$

Um eine bequeme Formel zu haben, ersetze man alle Ziffern b durch ihren höchsten Wert 9:

$$9(a_n + a_{n-1} + \cdots + a_{k-m-1}) 10^{k-1} +$$
$$+ 9(a_n + a_{n-1} + \cdots + a_{k-m-2}) 10^{k-2} + \cdots;$$

die Ausdrücke in den Klammern sind höchstens gleich der Ziffernsumme des Faktors a, die etwa z genannt werden möge; dies gibt die Abschätzung

$$9z(10^{k-1} + 10^{k-2} + \cdots) = 9z \cdot 10^k \left(\frac{1}{10} + \frac{1}{10^2} + \cdots\right) <$$
$$< 9z \cdot 10^k \cdot \frac{1}{9} = z \cdot 10^k.$$

Der Rechnungsfehler ist also negativ und beträgt höchstens so viele Einheiten der letzten beibehaltenen Stelle als die Ziffernsumme eines Faktors beträgt. Offenbar wird man die kleinere der beiden Ziffernsummen für die Abschätzung nehmen.

Nimmt man von der nächsten Stelle noch Korrektur (bei der abgekürzten Multiplikation), so sind noch die nächstniedrigeren Ziffernprodukte berücksichtigt, dagegen kommt für jedes Teilprodukt ein Abkürzungsfehler hinzu. Also beträgt der Rechnungsfehler so viele Einheiten der letzten beibehaltenen Stelle als der zehnte Teil der Ziffernsumme eines Faktors und die halbe Anzahl der Teilprodukte zusammen ausmachen.

Die Abschätzung läßt sich nach Cauchy II, S. 444 verschärfen, indem man erstens die Ziffern b statt durch 9 durch die höchste tatsächlich vorkommende Ziffer ersetzt und zweitens statt z nur die Summe so vieler der höchsten Ziffern a nimmt, als es Ziffern b gibt. Die Begründung hiefür ist ohne weiteres zu finden.

69. Beispiele für die Multiplikation ungenauer Zahlen.

Um $\pi\sqrt{5}$ auf drei Dezimalstellen genau zu erhalten, hat man dafür zu sorgen, daß der absolute Betrag des absoluten Fehlers 0·0005 nicht erreicht. Man versuche zunächst die Faktoren auf vier Dezimalstellen anzunehmen: $\pi = 3\cdot1416$, $\sqrt{5} = 2\cdot2361$. Der Formelfehler ist absolut genommen

$$< 3\cdot1416 \cdot 0\cdot00005 + 2\cdot2361 \cdot 0\cdot00005 = 5\cdot3777 \cdot 0\cdot00005 < 0\cdot00027.$$

Also darf der Rechnungsfehler nicht über 0·00023 betragen. Die Ziffernsummen der Faktoren sind 15 und 14, also wäre die Schranke für den Rechnungsfehler bei vierstelliger Rechnung 0·0014, was zu groß ist, bei fünfstelliger 0·00014. Der Gesamtfehler liegt daher zwischen

$$-0\cdot00027 - 0\cdot00014 = -0\cdot00041 \text{ und } +0\cdot00027.$$

Die Rechnung ergibt (mit staffelförmiger Schreibweise, **48, 59**)

$$\begin{array}{r} 31416 \\ 22361 \\ \hline 689150 \\ 1334 \\ \hline 702490. \end{array}$$

Die Schranken für $\pi\sqrt{5}$ sind demnach

$$7\cdot02490 - 0\cdot00027 = 7\cdot02463 \text{ und } 7\cdot02490 + 0\cdot00041 = 7\cdot02531$$

und man erhält auf drei Stellen genau

$$\pi\sqrt{5} = 7\cdot025.$$

Selten kommt man aber beim Abkürzen so glatt zum Ziel. Man wiederhole die ganzen Erwägungen für $\pi\sqrt{3}$. Der Formelfehler ist absolut genommen

$$< 3\cdot1416 \cdot 0\cdot00005 + 1\cdot7321 \cdot 0\cdot00005 = 4\cdot8737 \cdot 0\cdot00005 < 0\cdot00024.$$

Die Ziffernsummen der Faktoren sind wieder 15 und 14, der Rechnungsfehler also ebenso groß wie vorhin, der Gesamtfehler zwischen

$$-0{\cdot}00024 - 0{\cdot}00014 = -0{\cdot}00038 \text{ und } + 0{\cdot}00024.$$

Die Rechnung ergibt
```
  31416
  17321
 ------
 320804
  22335
 ------
 544154
```
und als Schranken

$5{\cdot}44154 - 0{\cdot}00024 = 5{\cdot}44134$ und $5{\cdot}44154 + 0{\cdot}00038 = 5{\cdot}44192$,

die dritte Stelle ist nicht sicher. Die Multiplikation auf mehr Stellen auszuführen, beseitigt die Unsicherheit nicht, vielmehr muß die Schranke $0{\cdot}00024$ herabgemindert werden. Nimmt man die Faktoren auf fünf Dezimalstellen $\pi = 3{\cdot}14159$, $\sqrt{3} = 1{\cdot}73205$, so wird die Schranke für den Formelfehler $4{\cdot}87364 \cdot 0{\cdot}000005 < 0{\cdot}000025$, die Ziffernsummen 23 und 18, die Schranken für den Rechnungsfehler $0{\cdot}00018$ oder $0{\cdot}000018$, je nachdem auf fünf oder sechs Stellen gerechnet wird; die zweite Annahme gibt für den Gesamtfehler die Schranken

$$-0{\cdot}000025 - 0{\cdot}000018 = -0{\cdot}000043 \text{ und } + 0{\cdot}000025.$$

Die Multiplikation lautet
```
  314159
  173205
 -------
 3208605
  223278
 -------
 5441385;
```
als Schranken für das Produkt ergeben sich

$5{\cdot}441385 - 0{\cdot}000025 = 5{\cdot}441360$ und $5{\cdot}441385 + 0{\cdot}000043$

$$= 5{\cdot}441428,$$

also ist der auf drei Dezimalstellen genaue Wert $5{\cdot}441$.

§ 6. Rechenmaschinen und ihre Anwendung beim Multiplizieren.

70. Rechenmaschinen für die Multiplikation. Eine sehr große Hilfe beim Multiplizieren vielstelliger Zahlen sind die **Multipliziermaschinen** oder, wie sie gewöhnlich genannt werden, **Rechenmaschinen** (obwohl dieser Name eigentlich auch die Addiermaschinen (**45**) einschließt).

Während die erste Idee einer solchen Maschine schon auf G. W. Leibniz (1671) zurückgeht, haben sie erst in neuerer Zeit allgemeinere Verbreitung gefunden.

Die innere Einrichtung der Rechenmaschinen ist recht verschiedenartig, in der Anwendung dagegen sind die Unterschiede ziemlich gering. Alle gestatten, eine mehr- (sechs-, acht-, zehn-) ziffrige Zahl mit einer einziffrigen zu multiplizieren und das Ergebnis an verschiedenen Stellen zu einer bereits eingestellten Zahl zu addieren oder davon zu subtrahieren. Bei den meisten Maschinen (die auch **Additionsmaschinen**, aber in anderem Sinne als in **45**, oder **erweiterte Additionsmaschinen** genannt werden) geschieht dies durch mehrmalige Addition, also durch ebenso viele Handgriffe (Kurbeldrehungen), als der Multiplikator beträgt; bei einigen (die **eigentliche Multiplikationsmaschinen** genannt werden) durch eine einzige Kurbeldrehung. Zur ersten Art gehören die Maschinen von W. T. Odhner (im Handel als „Brunsviga") und von Ch. X. Thomas („Arithmometer"), zur zweiten die Maschine von E. Selling und die Maschine von O. Steiger und H. W. Egli („Millionär").

Um ein Produkt, etwa $2376 \cdot 4019$, zu bilden, stelle man 2376 ein, bilde die Produkte $2376 \cdot 9$, $2376 \cdot 1$ und $2376 \cdot 4$ und addiere sie an der nullten, ersten und dritten Stelle.

Genaueres über die innere Einrichtung der Rechenmaschinen enthält: Encyclopédie I, S. 247—265, Enzyklopädie I, S. 964—975, Galle I, Hoecken I, Katalog I, II, Lenz I, d'Ocagne II, VI, Reuleaux II, Selling I.

Am wertvollsten sind die Rechenmaschinen bei der Berechnung von Ausdrücken von der Form

$$xy \pm x'y' \pm x''y'' + \cdots,$$

weil diese gebildet werden können, ohne daß ein Zwischenergebnis angeschrieben wird. Aus diesem Grunde gibt man oft, wenn man eine Rechenmaschine zur Verfügung hat, unter mehreren theoretisch gleich brauchbaren Formeln derjenigen den Vorzug, die diese Gestalt besitzt.

Die Überlegenheit der Rechenmaschinen macht sich im allgemeinen nur bei vielstelligen Zahlen recht geltend. Nur ausnahmsweise kann man gewisse Ketten von Rechnungen mit kleineren Zahlen vorteilhaft mit der Maschine ausführen.

Einige Hinweise auf derlei Fälle enthält Schrutka V, VII.

71. Äußere Einrichtung der Rechenmaschinen. Alle Maschinen zum Multiplizieren enthalten folgende - drei Hauptbestandteile: das Schaltwerk oder Einstellwerk, das Hauptzählwerk (Zählwerk) und das Nebenzählwerk (auch Quotient, vgl. 92, oder Drehwerk). Schaltwerk und Hauptzählwerk können gegeneinander verlegt werden; das Nebenzählwerk ist mit dem Hauptzählwerk fest verbunden. Der Multiplikand wird im Schaltwerk eingestellt, das Produkt erscheint im Hauptzählwerk, das Nebenzählwerk verzeichnet die Additionen an den verschiedenen Stellen, in ihm muß sich also der Multiplikator bilden.

Haupt- und Nebenzählwerk werden für gewöhnlich durch die Kurbeldrehung bewegt, es lassen sich aber alle ihre Stellen auch beliebig, „von Hand", verstellen.

Soll die im Schaltwerk eingestellte Zahl nicht addiert, sondern subtrahiert werden, so hat man bei manchen Maschinen einen Hebel umzustellen, bei anderen die Kurbel in entgegengesetzter Richtung zu drehen.

72. Besondere Vorrichtungen. So gut wie alle heutigen Rechenmaschinen haben einen Auslöscher (auch Klarstellvorrichtung genannt), d. h. eine Vorrichtung, die es ermöglicht, alle Ziffern des Hauptzählwerks durch einen Handgriff auf Null („klar") zu stellen. Auch für das Nebenzählwerk gibt es fast immer eine Auslöschvorrichtung.

Viele Maschinen sind mit einer Warnungsglocke versehen, die durch Ertönen anzeigt, daß die Operation, die eben vorgenommen wird, aus dem Rahmen der regelmäßigen Tätigkeit der Maschine heraustritt; der Rechner hat dann entweder den letzten Schritt rückgängig zu machen oder den Fehler, der entstanden ist, von Hand zu verbessern oder sonst zu berücksichtigen. Bei anderen Maschinen tritt in diesem Fall eine Sperrvorrichtung in Funktion, so daß der Rechner veranlaßt wird, haltzumachen oder die Einstellung entsprechend zu ändern.

Manche Maschinen haben ein doppeltes Hauptzählwerk; wenn man bei der Berechnung eines Ausdrucks $xy \pm x'y' \pm x''y'' \pm \ldots$ das eine nach jeder Multiplikation auslöscht, so lernt man nicht nur das Endergebnis, sondern auch dessen einzelne Bestandteile kennen.

Es gibt Maschinen, die mit einem Druckwerk ausgestattet sind, das alle eingestellten Zahlen und alle Rechenergebnisse verzeichnet; für die Nachprüfung der Rechnungen ein schätzenswerter Vorteil.

Zwischen den Ziffern der beiden Zählwerke haben viele Maschinen Löcher, in die Stifte eingesetzt werden können, um Dezimalpunkte, Gruppeneinteilungen der Ziffern und dergleichen ersichtlich zu machen; in anderen Fällen hat man zu demselben Zweck Zeiger, die längs eines Lineals verschiebbar sind.

Endlich finden sich zuweilen Rechenmaschinen, die mit einem mechanischen Antrieb versehen sind.

73. Vorteile beim Multiplizieren mit der Rechenmaschine.
Um bei den Additionsmaschinen (**70**) die Anzahl der Kurbeldrehungen zu vermindern, wird man die Zahl mit der geringeren Ziffernsumme als Multiplikator wählen; bei den Multiplikationsmaschinen dagegen wird man die Entscheidung nach der Anzahl der Ziffern treffen.

Bei den Additionsmaschinen kann man außerdem den Multiplikator, wie in **23** auseinandergesetzt, mit negativen Ziffern darstellen und so meist mit noch weniger Kurbeldrehungen auslangen.

Kommt ein Faktor in vielen Produkten vor, so wird man ihn offenbar als Multiplikand wählen, also ins Schaltwerk bringen. Dabei wird man oft an Kurbeldrehungen sparen, wenn man nicht nach jeder Multiplikation auslöscht, sondern einen Multiplikator in den andern zu verwandeln trachtet, zu welchem Zwecke man noch deren Reihenfolge und deren Stellenwert geeignet abändern kann. Hat man z. B. eine Zahl a mit $368, 4729, 28501, 31622$ zu multiplizieren, so kann man etwa zuerst $a \cdot 28501 = a \cdot 3\bar{1}50\bar{1}$ bilden, dann $a \cdot 3121$ hinzufügen, was $a \cdot 3\bar{2}4\bar{2}2 = a \cdot 31622$ liefert, dann $a \cdot 1\bar{4}2\bar{2}\bar{2}$ addieren, wodurch $a \cdot 4\bar{3}200 = a \cdot 36800 = 100 \cdot a \cdot 368$ entsteht, endlich noch um $a \cdot 105\bar{1}0$ vermehren, was $a \cdot 533\bar{1}0 = a \cdot 47290 = 10 \cdot a \cdot 4729$ ergibt. Man hat also im ganzen 35 Kurbeldrehungen ausgeführt, während die Faktoren $368 = 43\bar{2}$, $4729 = 5\bar{3}3\bar{1}$, $28501 = 3\bar{1}50\bar{1}$, $31622 = 3\bar{2}4\bar{2}2$, jeder für sich genommen, deren 44 erfordert hätten. Die Zahlen $3121, 1\bar{4}2\bar{2}\bar{2}$, $105\bar{1}0$ brauchen hierbei nicht wirklich gebildet zu werden, vielmehr hat man nur auf die Umwandlungen im Nebenzählwerk zu achten.

Man kann das Produkt dreier Faktoren mit der Rechenmaschine bilden, ohne ein Zwischenergebnis anzuschreiben; man bringe einen der Faktoren ins Schaltwerk und multipliziere ihn mit dem Produkt der beiden anderen, indem man jede Ziffer des einen mit jeder des anderen multipliziert und alle diese Produkte als Multiplikatoren mit dem gehörigen Stellenwert anwendet. Man könnte auch wie bei der symmetrischen Multiplikation (**59**) die Ziffernprodukte gleichen Stellenwerts vorerst zusammenziehen.

§ 7. Division.

74. Gewöhnliches Divisionsverfahren. Beim gewöhnlichen Divisionsverfahren kann man entweder die Produkte des Divisors mit den einzelnen Ziffern des Quotienten unter die Reste schreiben oder die einzelnen Ziffernprodukte gleich bei der Bildung von den Resten subtrahieren. Die zweite Art ist in Österreich allein üblich und wird daher die österreichische Rechenmethode genannt (vgl. 41; dort auch Literaturangaben); sie hat den Vorteil, daß man weniger zu schreiben hat und Zeit und Raum spart, dagegen den Nachteil, daß man, wenn sich im Quotienten Ziffern wiederholen, die entsprechende Multiplikation jedesmal von neuem machen muß. Z.B.

```
88901 : 86 = 1033
86
───
 29                oder nach der österreichischen Rechenmethode
  0
───
290                         88901 : 86 = 1033
258                         290
───                         321
321                          63 Rest.
258
───
 63 Rest
```

Bei kurzen Divisionen, wie sie im gewöhnlichen Leben vorkommen, dürfte wohl der Vorteil der österreichischen Rechenmethode den Nachteil überwiegen.

Bei LANGLEY I heißt die Methode italienische Rechenmethode.

Ähnlich wie bei der Multiplikation (**43**) kann man an Platz sparen, indem man die Reste staffelförmig schreibt, entweder sofort oder so, daß man die Ziffern zuerst noch anschließt, damit keine Zwischenräume bleiben; bei langen Divisionen kann man auch die Restkette abbrechen und oben wieder fortsetzen, z. B.

```
27634927 : 1319 = 20951   oder   27634927 : 1319 = 20951
   54878                            1257878
   25785                               6185
   12615     558 Rest                     5      558 Rest;
       1
```

```
ferner   10000000 : 7 = 1428571
         30 40
         20 50
         60 10
          4  3
```

Hat der Divisor nur eine Ziffer, so pflegt man das Anschreiben der Reste ganz zu unterlassen; so wird dann etwa das letzte Beispiel:

$$\frac{10000000}{1428571} : 7 \quad 3 \text{ Rest.}$$

Auch beim Divisor 12, und wenn jemand das große Einmaleins beherrscht, auch bei größeren, kann man noch so rechnen.

75. Rechenvorteile beim Dividieren. Läßt sich der Divisor in Faktoren zerlegen, durch die bequem dividiert werden kann (namentlich einziffrige), so kann man durch diese nacheinander dividieren; z. B.

$$\begin{array}{r} 40\,623 : 56 \\ \overline{} : 7 \\ 5\,803 \quad 2 \text{ Rest} \\ \overline{} : 8 \\ 725 \quad\; 3 \text{ Rest} \end{array}$$

Divisionsrest: $8 \cdot 2 + 3 = 19$.

Wie man sieht, ist die Bestimmung des Restes nicht ganz einfach; das Verfahren ist daher besonders dann günstig, wenn man den Rest der Division nicht braucht.

Die Division durch 5, 25, 125, ... kann man durch eine Multiplikation mit 2, 4, 8, ... und eine (vorhergehende oder nachfolgende) Division durch 10, 100, 1000, ... ersetzen. Allgemeiner kann man überhaupt Dividend und Divisor mit demselben Faktor erweitern; z. B.

$$4{\cdot}05 : 2{\cdot}25 = (4{\cdot}05 \cdot 4) : (2{\cdot}25 \cdot 4) = 16{\cdot}2 : 9 = 1{\cdot}8.$$

76. Anwendung negativer Ziffern beim Dividieren. Wie beim Multiplizieren (51) so kann man auch beim Dividieren oft Vorteil aus der Anwendung negativer Ziffern (23) ziehen. Im Dividend negative Ziffern einzuführen ist nicht zweckmäßig, wohl aber im Divisor und im Quotienten. Je nachdem man das eine oder das andere tut, ergeben sich verschiedene von dem gewöhnlichen Verfahren abweichende Arten der Division (**77, 78, 79**).

77. CRELLEs Divisionsverfahren. Stellt man den Divisor als dekadische Ergänzung mit vorgesetztem Einer (**22**) dar, so verwandeln sich die Subtraktionen in Additionen. Z. B.

$$\begin{array}{r} 5322 : 68 = 78 \quad (68 = 1\overline{3}\overline{2}) \\ -\, \overline{2}\overline{2}4 \\ -\, 7 \\ \hline 562 \\ -\, \overline{2}\overline{5}6 \\ -\, 8 \\ \hline 18 \text{ Rest.} \end{array}$$

In dieser Form wäre die Rechnung sehr unbequem; man kann aber nach dem Vorschlag von CRELLE II nur die dekadische Ergänzung mit der Quotientenziffer multiplizieren, dieses Produkt addieren und den positiven Bestandteil des abzuziehenden Produkts einfach durch Abstreichen der letzten Ziffer links, die stets gleich der Quotientenziffer sein muß, subtrahieren, im eben angeführten Beispiel:

$$5\,322 : 68 = 78 \quad \text{oder nach der österreichischen Rechenmethode:}$$

$$\begin{array}{l} \underline{2\,2\,4} \quad 1\overline{3\overline{2}} \\ 7_{|}5\,6\,2 \\ \underline{2\,5\,6} \\ 8_{|}1\,8 \;\text{Rest} \end{array} \qquad \begin{array}{l} 5\,3\,2\,2 : 68 = 78 \\ 7_{|}5\,6\,2 \quad 1\overline{3\overline{2}} \\ \underline{8_{|}1\,8 \;\text{Rest.}} \end{array}$$

Je kleiner die dekadische Ergänzung ausfällt, um so vorteilhafter ist das CRELLEsche Verfahren, z. B.

$$19\,809 : 97 = 204 \quad \text{oder nach der österreichischen Methode:}$$

$$\begin{array}{l} \underline{6} \\ 2_{|}0_{|}4\,09 \\ \underline{12} \\ 4_{|}21\;\text{Rest} \end{array} \qquad \begin{array}{l} 19\,809 : 97 = 204 \\ 2_{|}0_{|}4\,09 \\ \underline{4_{|}21\;\text{Rest.}} \end{array}$$

Das Verfahren läßt sich auch anwenden, wenn vor der dekadischen Ergänzung eine andre Ziffer als 1 steht, nur können dann die Subtraktionen nicht durch bloßes Abstreichen ausgeführt werden, z. B.

$$\begin{array}{l} 61735 : 198 = 306 \\ \underline{6} \quad 20\overline{2} \\ 613 \\ -6 \\ \overline{1335} \\ 12 \\ \overline{1347} \\ -12 \\ \overline{147\;\text{Rest.}} \end{array}$$

78. Komplementäre Division. Dem CRELLEschen Verfahren steht die schon im Mittelalter gelehrte **komplementäre Division** nahe. Der Unterschied ist nur der, daß man nicht die Ziffern des Quotienten der Reihe nach bestimmt, sondern den Quotienten aus Summanden zusammensetzt. Das Verfahren läßt sich am besten an Beispielen zeigen. Man hat in der ersten Aufgabe von **77**:

$$5322 = 53 \cdot 100 + 22 = 53 \cdot (68 + 32) + 22 =$$
$$= 53 \cdot 68 + (53 \cdot 32 + 22) = 53 \cdot 68 + 1718,$$

weiter ebenso:

$$1718 = 17 \cdot 100 + 18 = 17 \cdot 68 + (17 \cdot 32 + 18) = 17 \cdot 68 + 562,$$
$$562 = 5 \cdot 100 + 62 = 5 \cdot 68 + (5 \cdot 32 + 62) = 5 \cdot 68 + 222,$$
$$222 = 2 \cdot 100 + 22 = 2 \cdot 68 + (2 \cdot 32 + 22) = 2 \cdot 68 + 86,$$
$$86 = 1 \cdot 68 + 18,$$

folglich

$$5322 = (53 + 17 + 5 + 2 + 1) 68 + 18 = 78 \cdot 68 + 18,$$

also ist $\qquad 5322 : 68 = 78.$

18 Rest.

Bei der praktischen Anwendung wird man kürzer so schreiben:

$$\begin{array}{r}53{,}22 : 68 \\ \hline 106. \ \boxed{3\ 2} \\ 159 \\ \hline 17{,}18 \\ 34 \\ 51 \\ \hline 5{,}62 \\ \hline 160 \\ \hline 2{,}22 \\ \hline 64 \\ \hline 86 : 68 = 1 \\ \end{array}$$

18 Rest   78 Quotient.

Man streicht also vom Dividend links so viele Ziffern ab, daß der übrigbleibende Bestandteil so viele Ziffern als der Divisor hat, multipliziert die abgestrichene Zahl mit der dekadischen Ergänzung des Divisors und addiert das Produkt zu dem vom Dividend übriggebliebenen Bestandteil; dieses Verfahren wiederholt man, sooft als möglich; bleibt zum Schluß ein zu großer Rest, so dividiert man ihn noch auf die gewöhnliche Art durch den Divisor; die Summe aller abgestrichenen Zahlen (und des letzten Quotienten) liefert den Quotienten der Division.

Auch dieses Verfahren ist bei kleinen dekadischen Ergänzungen besonders vorteilhaft; das zweite Beispiel aus **77** wird hier:

§ 7. Division

```
198 09 : 97        oder nach der österreichischen Methode:
 5 94    [3]
 ─────              198,09 : 97
  6,03              ─────
 ─────               6,03 Rest [3]
    3 Rest          ─────
─────                204 Quotient.
 204 Quotient
```

Angewendet auf den Divisor $9 = 1\bar{1}$ ergibt sich folgende Divisionsmethode: Man streicht alle Ziffern bis auf die letzte rechts ab, addiert diese letzte Ziffer zur abgestrichenen Zahl und setzt diese Summe darunter; dieses Verfahren wiederholt man, sooft es geht; die Summe aller abgestrichenen Zahlen gibt den Quotienten. Ist die Zahl durch 9 teilbar, so kommt man zuletzt auf 9; dann muß man noch 1 beifügen, um den Quotienten zu erhalten. Z. B.

```
 627,8              1044,0
 ─────              ─────
  63,5               104,4
 ─────              ─────
   6,8                10,8
 ─────              ─────
   1,4 Rest           1,8
─────               ─────
 697 Quotient          9
                    ─────
                    1159
                    1160 Quotient, 0 Rest.
```

79. Weiterrechnen mit zu großen Quotientenziffern. Beim Dividieren tritt nicht selten der Übelstand ein, daß man eine zu große Quotientenziffer gewählt hat; oft bemerkt man dies nicht früher, als bis die Multiplikation des Divisors mit dieser Ziffer vollständig zu Ende geführt ist. Statt, wie es beim schulmäßigen Rechnen geschieht, nun eine kleinere Ziffer zu versuchen, kann man auch mit dem negativen Rest, der sich gebildet hat, weiterrechnen; man erhält dann eine oder mehrere negative Quotientenziffern (**23**) und braucht nur schließlich den Quotienten wieder in die gewöhnliche Form umzusetzen. Z. B.

```
17672025 : 68 = 2601̄2̄2 = 259882
136
─────
 407
 408
 ─────
   1̄2 = 8̄0
         6̄8
        ─────
        1̄2̄2 = 1̄1̄8
               136
              ─────
               185
               136
              ─────
               49 Rest.
```

Wer dieses Verfahren beherrscht, wird sogar oft die Quotientenziffern absichtlich zu groß wählen, wenn sich dann kleine negative Ziffern ergeben, weil dadurch die Rechnung abgekürzt wird.

Auch wenn man negative Ziffern nicht anwenden will, braucht man nicht die Rechnung mit der verbesserten Quotientenziffer zu wiederholen, sondern kann den bereits bestimmten Rest verwenden, z. B.:

```
17672025 : 68 = 2̶6̶
136              59882
───
407
408 zu groß
 -1    68 dazu:
672
612
───
600
544
───
562
544
───
185
136
───
 49 Rest.
```

Ganz ebenso kann man vorgehen, wenn man, was seltener vorkommt, eine zu kleine Quotientenziffer gewählt hat; z. B.

```
354642 : 59 = 5̶
295           6010
───
 59
 59
───
064
 59
───
 52 Rest.
```

80. Anlegung einer Vielfachentabelle des Divisors. Ist der Quotient auf sehr viele Stellen zu berechnen oder kommt eine Zahl sehr oft als Divisor vor, so kann man, ganz ähnlich wie in **52**, die Rechenarbeit erleichtern, indem man die Vielfachen des Divisors bis zum Neunfachen (ausnahmsweise auch bis zum Neunundneunzigfachen) in eine Tabelle bringt. Hierdurch entgeht man überdies der Gefahr, unrichtige Quotientenziffern zu wählen (vgl. **79**).

Wenn sich die Anlegung einer solchen Tabelle nicht lohnt, so kann man sich, wie in **52**, mit einer Tabelle des Einfachen, des Zweifachen und des Fünffachen des Divisors behelfen; man erhält dann die Ziffern des Quotienten in der Zerlegung, wie sie in **25** besprochen worden ist. Z. B.:

1 · 53 = 53
2 · 53 = 106
5 · 53 = 265

```
414689 : 53 = 5522
265           22 2
───           ───
149    128     1
106    106    ────
───    ───    7824 Quotient.
436    229
265    106
───    ───
171    123
106    106
───    ───
 65     17 Rest
 53
───
 12
```

81. Anwendung der Vielfachentafeln und der Rechenstäbchen bei der Division. Alle bei der Multiplikation besprochenen Hilfsmittel zur Gewinnung der Vielfachen eines Faktors sind natürlich auch bei der Division zur Gewinnung der Vielfachen des Divisors anwendbar: die Vielfachentafeln (54), die NEPERschen Rechenstäbchen (55), die *réglettes multiplicatrices* von H. GÉNAILLE und E. LUCAS (56).

82. Anwendung der Produkttafeln bei der Division. Ebenso können die Produkttafeln (57) bei der Division vorteilhaft verwendet werden. Z. B. kann man mit den CRELLEschen Tafeln immer gleich drei Ziffern des Quotienten auf einmal bestimmen. Besonders bequem ist die Rechnung, wenn der Divisor nicht mehr als drei Stellen hat. Z. B.

```
10000 : 17 = 0·0588235294 ...
 9996
 ────
 4000
 3995
 ────
 5000
 4998
 ────
    2
```

Hat der Divisor mehr als drei Stellen, so muß man ihn zerlegen. Dabei ist es wichtig, der ersten Gruppe links drei (und nicht weniger) Stellen zu geben, weil man sonst viel leichter unrichtige Quotientenziffern bekommt; z. B.

```
375026|17 : 675|2 = 555|4     Unter den Vielfachen von 675 ist das
374625                        555fache das letzte unter 375026 usw.
  1110
  ────
  29017                       Wollte man den Divisor in 67|52 oder
  2700                        6|752 spalten, so würde man 559
     8                        oder gar 625 als erste Gruppe des
  ────                        Quotienten finden.
  200 9 Rest.
```

Ganz vermeiden läßt sich die Unsicherheit in den Quotientenziffern ebensowenig wie beim gewöhnlichen Divisionsverfahren, sobald man einmal nur einen Teil der Ziffern des Divisors zum Versuch heranzieht. Erweist sich ein Teilquotient als unrichtig, so kann man sich dann ähnlich wie in 79 helfen, z. B.

$$132213653838 : 623|920 = 212\overline{092} = 211908$$
$$132076$$
$$\underline{195040}$$
$$142613838$$
$$= \overline{57386162}$$
$$\underline{57316}$$
$$\overline{84640}$$
$$\underline{}$$
$$25522 = 14478 \text{ Rest.}$$

83. Das FOURIERsche Divisionsverfahren. So wie bei der Multiplikation kann man auch bei der Division die Produkte der Ziffern des Divisors und des Quotienten nach ihrem Stellenwert ordnen. Es ergibt sich so ein Divisionsverfahren, das von seinem Erfinder FOURIER (**I**, S. 187, deutsch S. 180) die **geordnete Division** genannt worden ist, meistens aber nach ihm als FOURIERsches Divisionsverfahren bezeichnet wird. Auch der Name **methodische Division** kommt vor.

Der Gedanke des Verfahrens möge zunächst einmal in seiner einfachsten Gestalt an einem Beispiel entwickelt werden. Multipliziert man 1425 mit 638 nach dem symmetrischen Multiplikationsverfahren (**59**), so ergibt sich:

$$\underline{1425 \cdot 638}$$
$$40$$
$$31$$
$$68$$
$$32$$
$$27$$
$$\underline{6}$$
$$909150.$$

Ist umgekehrt das Produkt 909150 und der eine Faktor 1425 bekannt, so erkennt man zunächst, daß der andere Faktor bis in die Hunderte reicht; seine Hunderterziffer ist so zu wählen, daß sie₁mit der Ziffer 1 an der Tausenderstelle des bekannten Faktors kombiniert ein Produkt liefert, das 9, die Ziffer an der Hunderttausenderstelle des bekannten Produkts, nicht übersteigt. Dies schiene zunächst 9 zu sein, doch erweist sich diese Ziffer bei der Fortsetzung der Rechnung als zu groß und muß auf 6 erniedrigt werden. Zieht man nun 6 Hunderttausender ab, so bleibt 309150; in dieser Zahl müssen an Zehntausendern 4 · 6 = 24 und ferner 1 multipliziert mit der nächsten Quotientenziffer enthalten sein. Zieht man die 24 Zehntausender ab, so bleibt 69150 und als folgende Ziffer bekäme man 6, das aber wieder auf 3 zu ermäßigen ist. Man erhält demnach als Rest 31350. In dieser Zahl stecken nun wieder $6 \cdot 2 + 3 \cdot 4 = 24$ Tausender, die man sofort abziehen kann, was 15150 ergibt, und außerdem so viele Tausender, als 1 multipliziert mit der nächsten Quotientenziffer ausmacht. Dies gibt 15, was aber wieder auf 8 zu ermäßigen ist. Bildet man nun die Ziffernprodukte, die noch ausstehen, so wird der Dividend gerade aufgezehrt. Hätte man etwa 910000 als Dividend gewählt, so wäre 850 als Rest geblieben.

Man erkennt, daß immer Schritte zweier verschiedener Arten abzuwechseln haben: erstens die Bestimmung einer Ziffer des Quotienten und die Subtraktion des entsprechenden Ziffernprodukts; zweitens die Berücksichtigung der schon angebbaren Ziffernprodukte des nächstniedrigeren Stellenwerts. Die Summe der Ziffernprodukte, die beim Schritt der zweiten Art abgezogen wird, heißt die **Verbesserung** (**Korrektion**); um sie zu bilden, kann man sich wie in 59 vorteilhaft der Papierstreifenmethode bedienen; auf den Streifen kommen entweder die Quotientenziffern, wie sie der Reihe nach entstehen, oder auch die Ziffern des Divisors, die erste ausgenommen, jedesmal in umgekehrter Reihenfolge.

Das Beispiel (das allerdings mit Absicht ungünstig gewählt wurde) zeigt nun, daß das Verfahren in dieser reinen Form wegen der großen Unsicherheit in den Quotientenziffern keineswegs vorteilhaft ist. Diese Unsicherheit läßt sich sehr einschränken (aber nicht vollständig beseitigen), indem man die Rolle, die eben der ersten Quotientenziffer zufiel, jetzt mehreren Anfangsziffern zuweist (man läßt gleichsam eine mehrstellige Zahl als erste Ziffer zu). FOURIER nennt diese Zifferngruppe den **designierten Divisor**. Nimmt man in dem eben behandelten Beispiel 910000 : 1425 etwa 14 als designierten Divisor, so erhält man folgende Rechnung:

```
              910000 : 14|25 = 638
              84                ↓
              ──             (4 wäre zu groß)
              70    |52|
Verbesserung  12     6
              ──
              58
              42
              ───
              160   |52|
Verbesserung   36    63
              ───
              124
              112
              ────
              1200  |52|
              31    638    |52|
Verbesserungen{ 40 ...... . 638
              ────
              850 Rest.
```

§ 7. Division

Je mehr Ziffern man zum designierten Divisor nimmt, um so mehr nähert sich das FOURIERsche dem gewöhnlichen Divisionsverfahren.

Das FOURIERsche Divisionsverfahren ist besonders dann vorteilhaft, wenn man nur den Quotienten, nicht den Rest, oder nur einige Ziffern des Quotienten braucht, weil dann eine Reihe von Ziffernprodukten mit niedrigerem Stellenwert, die beim gewöhnlichen Divisionsverfahren mitgeführt werden, nicht mehr vorkommen. Ein Nachteil des FOURIERschen Divisionsverfahrens ist die Unsicherheit, die oft über die Quotientenziffern herrscht; es kann vorkommen, daß sich die unrichtige Wahl erst nach mehreren Schritten herausstellt. Diese Unsicherheit wird verringert, wenn man den designierten Divisor nicht zu klein wählt (am besten wohl in der Regel dreiziffrig).

Die Unsicherheit in den Quotientenziffern hat wenig zu bedeuten, wenn man nach **79** negative Ziffern im Quotienten zuläßt, da diese dann meist klein ausfallen und die Rechnung eher abgekürzt wird; z. B.

$1 : \pi = 1000 : 3{\cdot}14|15926535 = 0{\cdot}31831 0 \bar{1} \bar{2}$

```
                942
                ———                                     80   |53562951|
                580   |53562951|     Verbesserung      108   | 31831  |
Verbesserung      3   |    3   |                       ———
                ———                                    280   |53562951|
                577                  Verbesserung       69   | 318310 |
                314                                    ———
                ———                                    349
               2630   |53562951|                       314
Verbesserung     16   |   31   |                       ———
                ———                                    350   |53562951|
               2614                  Verbesserung       76   | 3183101|
               2512                                    ———
                ———                                    426
               1020   |53562951|                       628
Verbesserung     40   |  318   |                       ———
                ———                                    198
                980
                942
                ———
                380   |53562951|
Verbesserung     58   |  3183  |
                ———
                322
                314
                ———
                 80
```

Auch die Division mit Anwendung der Produkttafeln (57) kann nach dem Vorbild der geordneten Division ausgeführt werden; allerdings wird man nur bei Zahlen mit sehr vielen Ziffern aus einem solchen Rechenvorgang nennenswerten Vorteil ziehen.

Sollte bei einer nach dem FOURIERschen Verfahren durchgeführten Division nachträglich doch der Rest gebraucht werden, so müßte man die noch nicht berücksichtigten Ziffernprodukte geringeren Ranges, die am bequemsten ebenfalls durch symmetrische Multiplikation bestimmt werden, noch abziehen.

84. Umgehung der Division nach CAUCHY. Will man einen Quotienten auf viele Dezimalstellen berechnen (z. B. die ganze Periode feststellen), so kann man sich des folgenden, von CAUCHY (**I**, S. 443) herrührenden Verfahrens bedienen, um die Division zu umgehen: Man bestimme einige

Stellen durch gewöhnliche Division und multipliziere die so entstehende Beziehung mit geeigneten Faktoren, um weitere Stellen zu bekommen.

Es sei z. B. $\frac{5}{13}$ zu bestimmen:

$$5_0 : 13 = 0{\cdot}38,$$
$$110$$
$$6$$

also ist
$$\frac{5}{13} = \frac{3}{10} + \frac{8\frac{6}{13}}{100} = \frac{38\frac{6}{13}}{100};$$

multipliziert man mehrmals mit 9, so erhält man:

$$3\frac{6}{13} = \frac{45}{13} = \frac{342\frac{54}{13}}{100} = \frac{346\frac{2}{13}}{100}, \text{ daher } \frac{6}{13} = \frac{46\frac{2}{13}}{100},$$

$$4\frac{2}{13} = \frac{54}{13} = \frac{414\frac{18}{13}}{100} = \frac{415\frac{5}{13}}{100}, \text{ daher } \frac{2}{13} = \frac{15\frac{5}{13}}{100},$$

und wenn man nun einsetzt:

$$\frac{5}{13} = \frac{38\frac{6}{13}}{100} = \frac{3846\frac{2}{13}}{10000} = \frac{384615\frac{5}{13}}{1000000},$$

folglich
$$\frac{5}{13} = 0{\cdot}\dot{3}8461\dot{5}.$$

85. Verwandlung der Division in eine Multiplikation.

Jede Division kann in eine Multiplikation verwandelt werden, indem man den reziproken Wert des Divisors in einen Dezimalbruch entwickelt und mit diesem multipliziert. Da aber die Berechnung des reziproken Wertes, selbst eine Division ist, so ist dieser Vorgang nur dann vorteilhaft, wenn entweder der Divisor mehr als einmal auftritt, oder wenn die Berechnung des reziproken Wertes schon geleistet ist (86).

Z. B. $\quad \frac{1}{9} = 0{\cdot}111\ldots;\quad 263 : 9 = 263 \cdot 0{\cdot}1111\ldots$

$$263$$
$$263$$
$$263$$
$$263$$
$$\cdots$$
$$\overline{2922193\ldots} = 29{\cdot}2.$$

Die in 75 angegebenen Divisionsregeln für 5, 25, 125, ... können als besonderer Fall dieser Vorschrift angesehen werden.

Kommt ein Divisor sehr oft vor, so wäre auch die Anlegung einer Vielfachentabelle (52) des reziproken Wertes ins Auge zu fassen.

Über eine Tabelle der Vielfachen von $\frac{1}{\pi}$ siehe 52.

86. Reziprokentafeln. Die reziproken Werte der Zahlen sind auch tabuliert worden und können dann für die in **85** besprochene Verwandlung der Division in eine Multiplikation verwendet werden. Die umfangreichste Reziprokentafel ist OAKES I. Sie gibt sieben geltende Ziffern für das Intervall 10000 ↔ 100000 und kann durch Interpolation (**134**) noch für siebenziffrige Argumente (bis 10000000) angewendet werden. Ebenfalls sieben geltende Ziffern für das Intervall 100 ↔ 10000 und acht geltende Ziffern für das Intervall 10 ↔ 100 gibt die Reziprokentafel in BARLOW II. Eine kleinere Reziprokentafel ist in Hütte I enthalten. Sie geht bis 1100 und gibt sechs geltende Ziffern. Auch in anderen ähnlichen technischen Behelfen kommt dieselbe Tafel vor. Eine Reziprokentafel, die bis 5000 reicht und fünf Ziffern angibt, enthält LOHSE I, eine Tafel, die bis 1000 reicht und fünf Ziffern angibt, WEISKIRCHER I.

87. Zerfällung in Partialbrüche. Braucht man das Ergebnis einer Division von einer ganzen Zahl durch eine andere auf sehr viele Dezimalstellen, so kann man die Tafeln der Perioden der Dezimalbrüche (**13**) verwerten. Diese geben die Dezimalbruchentwicklungen für alle Nenner, die Potenzen von Primzahlen sind. Nun läßt sich jeder Bruch als Summe von Partialbrüchen, nämlich von Brüchen, deren Nenner die Potenzen der verschiedenen Primfaktoren des Nenners sind, darstellen. Es ergibt sich demnach die gesuchte Dezimalbruchentwicklung durch Addition. Näheres bei K. Fr. GAUSS, Disquisitiones arithmeticae, art. 317, Werke I. Band, Göttingen 1870, S. 386, deutsche Ausgabe von H. MASER, Berlin 1889, S. 371 oder bei G. WERTHEIM, Anfangsgründe der Zahlenlehre, Braunschweig 1902, § 101.

88. Quotiententafeln. Tafeln, die für gewisse Werte des Dividenden und des Divisors die Quotienten angeben, Quotiententafeln oder Divisionstafeln, ersparen dem Rechner die Ausführung der Division. Dagegen ist aus ihnen, anders als bei den Produkttafeln (**57**), für andere Divisionen als die darin angeführten kaum ein Vorteil zu ziehen.

Eine solche Tafel ist RAUSCHELBACH I. Sie gibt für alle Dividenden von 0 bis 1009 und alle Divisoren von 10 bis 100 die Quotienten auf zwei Dezimalstellen korrigiert.

Neben solchen Divisionstafeln mit doppeltem Eingang (**8**) könnte es auch wie bei der Multiplikation (**62, 63**) Divisionstafeln mit einfachem Eingang geben. Ihnen müßten Formeln zugrunde liegen, bei denen nur die Werte einer einzigen Funktion auftreten. Es ist aber außer den Logarithmen (**127**) keine Lösung dieser Aufgabe bekannt.

89. Proben für die Division. Als inverse Operation wird die Division am einfachsten durch die zugehörige direkte Operation, die Multiplikation, geprüft: das Produkt aus Divisor und Quotient, vermehrt um den Rest, muß den Dividend liefern. Eine andere Probe ist die Vertauschung von Divisor und Quotient: man zieht den Rest vom Dividend ab und dividiert durch den Quotienten. Auch die Division nach einem anderen Rechenverfahren kann als Probe dienen. Über Restproben siehe 97.

90. Verbindung mehrerer Operationen zweiter Stufe. Kommen in einem Ausdruck Multiplikationen und Divisionen gemischt vor, wie z. B. bei einfachen und zusammengesetzten Proportionsrechnungen, so ist die Reihenfolge, in der diese Operationen vorgenommen werden, gleichgültig. In der Regel führt man die Multiplikationen zuerst aus, weil die Divisionen im allgemeinen nicht aufgehen. Wenn jedoch mehrere Ausdrücke $\frac{ab}{c}$ mit denselben Zahlen b und c zu bestimmen sind, wie es z. B. der Fall ist, wenn man mehrere Proportionen mit demselben bekannten Verhältnis auflöst, so tut man besser, zuerst $\frac{b}{c}$ zu berechnen, weil man dann nur eine Division auszuführen hat (vgl. 85).

91. Zerfällung in Stammbrüche. Die Multiplikation mit einem Bruch $\frac{b}{c}$ wird oft erleichtert, wenn man ihn als Summe von Stammbrüchen (Brüchen mit dem Zähler 1) mit kleinen Nennern darstellen kann. Am bequemsten ist es, wenn jeder Nenner ein Vielfaches des vorhergehenden ist, weil dann jeder Bestandteil aus dem vorhergehenden durch eine einfache Division gefunden werden kann. Es ist dann also

$$\frac{b}{c} = \frac{1}{\gamma} + \frac{1}{\gamma\gamma'} + \frac{1}{\gamma\gamma'\gamma''} + \cdots,$$

wo $\gamma, \gamma', \gamma'', \ldots$ ganze Zahlen sind.

Man nennt einen solchen Ausdruck nach E. Heis (Sammlung von Beispielen..., Köln, viele Auflagen, § 86) eine Teilbruchreihe oder auch einen aufsteigenden Kettenbruch, weil er in die Form

$$\frac{b}{c} = \frac{1 + \dfrac{1 + \dfrac{1 + \cdots}{\gamma''}}{\gamma'}}{\gamma} = \frac{1}{\gamma} + \frac{1}{\gamma'} + \frac{1}{\gamma''} + \cdots$$

gesetzt werden kann.

Beispiele solcher Zerfällungen sind

$$\frac{2}{3} = \frac{1}{2} + \frac{1}{6},$$

$$\frac{5}{12} = \frac{1}{4} + \frac{1}{6}, \text{ oder besser } = \frac{1}{3} + \frac{1}{12},$$

$$\frac{7}{22} = \frac{1}{6} + \frac{1}{11} + \frac{1}{2 \cdot 11} + \frac{1}{3 \cdot 2 \cdot 11}.$$

Es dürfte sich allerdings nicht lohnen, viele Mühe auf die Aufsuchung einer solchen Zerfällung zu verwenden, außer wenn ein Faktor $\frac{b}{c}$ oftmals vorkommt. Eine Zusammenstellung einiger Zerlegungen dieser Art enthält LANGLEY I, S. 181—183.

Bei den Ägyptern war diese Zerfällung in Stammbrüche ein Haupthilfsmittel nicht nur zur Rechnung mit Brüchen, sondern sogar zu ihrer Darstellung, siehe z. B. J. TROPFKE, Geschichte der Elementarmathematik I, S. 73, Leipzig 1902—1903.

92. Division mit der Rechenmaschine. Die Rechenmaschinen (Multipliziermaschinen, s. **70**) leisten auch bei der Division wertvolle Dienste. Am günstigsten ist es, wenn der Divisor im Schaltwerk Platz findet; man stellt dann den Dividend im Hauptzählwerk ein und subtrahiert von links nach rechts fortschreitend, an jeder Stelle den Divisor so oft, als es möglich ist. Bei den Additionsmaschinen hat man einfach so oft zu kurbeln, bis die Subtraktion nicht mehr möglich ist; bei den eigentlichen Multiplikationsmaschinen muß man sich dagegen für eine Quotientenziffer entscheiden. Im Nebenzählwerk bildet sich der Quotient.

Aus diesem Grunde wird das Nebenzählwerk oft geradezu der Quotient genannt (7i).

Man kann auch so rechnen, daß man ins Hauptzählwerk nichts einstellt und nun durch systematische Addition von Vielfachen des Divisors dem Dividend nahezukommen trachtet. Nur die Bestimmung des Restes erfordert bei diesem Verfahren eine eigene Rechnung.

Hat der Divisor mehr Stellen als das Schaltwerk, so ist die Rechnung mit der Maschine weit weniger bequem; man muß den Divisor zerlegen, ähnlich wie in **82**, und die Teilprodukte mit der Maschine berechnen; dabei kommt man nicht, wie im früheren Fall, mit einer einzigen Einstellung im Schaltwerk aus, sondern muß mit dieser immer wieder wechseln.

93. Vorteile beim Dividieren mit der Rechenmaschine. Wie beim Multiplizieren (**73**) kann man auch beim Dividieren mit einer Additionsmaschine (**67**) an Kurbeldrehungen sparen, indem man im Quotienten negative Ziffern verwendet. Man muß den Divisor einmal zu oft subtrahieren und dann an der nächsten oder an einer der nächsten Stellen ein geeignetes Vielfaches davon addieren.

Im Verlauf einer solchen Rechnung kommen daher im Hauptzählwerk negative Zahlen (oder vielmehr deren dekadische Ergänzungen) vor. Man kann dies vermeiden, indem man die Additionen vor der letzten Subtraktion ausführt.

Für das Ergebnis und für die Endstellung der Maschine macht dies keinen Unterschied, dagegen ist es für die Schonung der Maschine wichtig, den Wechsel zwischen positiven und negativen Resten einzuschränken, weil durch die vielen dabei auftretenden Zehnerübertragungen das Hauptzählwerk abgenutzt wird.

94. Fehlerfortpflanzung bei der Division ungenauer Zahlen.

Hat man den Quotienten $\frac{a}{b}$ zweier Zahlen a, b zu berechnen, die durch Näherungswerte a_0, b_0 mit Fehlern α, β dargestellt sind:

$$a = a_0 - \alpha, \quad b = b_0 - \beta,$$

so gibt die Differenz

$$\frac{a_0}{b_0} - \frac{a}{b} = \frac{a_0}{b_0} - \frac{a_0 - \alpha}{b_0 - \beta} = \frac{\alpha b_0 - \beta a_0}{b_0 (b_0 - \beta)}$$

den absoluten Fehler an, den man begeht, indem man $\frac{a_0}{b_0}$ als Näherungswert für den Quotienten $\frac{a}{b}$ nimmt. Der relative Fehler ergibt sich daraus, indem man durch $\frac{a_0}{b_0}$ (statt durch $\frac{a}{b}$, **28**) dividiert, zu

$$\frac{\alpha b_0 - \beta a_0}{a_0 (b_0 - \beta)}.$$

Da beim praktischen Rechnen β stets klein gegen b_0 ist, so kann man in den Nennern $-\beta$ neben b_0 weglassen und den absoluten Fehler

$$\frac{\alpha b_0 - \beta a_0}{b_0^2},$$

den relativen gleich $\quad \dfrac{\alpha b_0 - \beta a_0}{a_0 b_0} = \dfrac{\alpha}{a_0} - \dfrac{\beta}{b_0}$

setzen. Die zweite Formel sagt aus: **Der relative Fehler eines Quotienten ist gleich der Differenz der relativen Fehler des Dividenden und des Divisors.**

Das Ergebnis ließe sich auch durch Umkehrung des analogen auf die Multiplikation bezüglichen in 66 gewinnen.

Sind die relativen Fehler von a und b in Schranken eingeschlossen:

$$-\delta \leq \frac{\alpha}{a_0} \leq \varepsilon, \quad -\delta' \leq \frac{\beta}{b_0} \leq \varepsilon',$$

so erhält man daraus (vgl. **46**) Schranken für den relativen Fehler des Quotienten:

$$-\delta - \varepsilon' \leq \frac{\alpha}{a_0} - \frac{\beta}{b_0} \leq \varepsilon + \delta'.$$

Sind insbesondere einfach Schranken für die absoluten Werte der relativen Fehler des Dividenden und des Divisors bekannt, so liefert deren Summe eine Schranke für den absoluten Wert des relativen Fehlers des Quotienten. Braucht man Schranken für den absoluten Fehler, so hat man mit dem Quotienten zu multiplizieren.

Insbesondere ist der relative Fehler des reziproken Wertes einer ungenauen Zahl (näherungsweise) entgegengesetzt gleich dem relativen Fehler der Zahl selbst. Man braucht nur in den bisherigen Erwägungen $a = 1$, $a_0 = 1$, $\alpha = 0$ zu setzen. Die Schranken für den absoluten Wert der relativen Fehler zweier reziproker Zahlen sind gleich.

In einem besonderen Fall wurde in 47 dieses Verhalten unmittelbar beobachtet.

95. Rechenmethoden für die Division ungenauer Zahlen.

Da nach 155 dem Quotienten zweier ungenauer Zahlen an sich eine gewisse Ungenauigkeit anhaftet, so wird man auch die Rechnung nur auf eine gewisse Anzahl von Dezimalstellen führen und alle weiteren Dezimalstellen außer acht lassen. Hierzu eignet sich offenbar die FOURIERsche Divisionsmethode (83) besonders gut, weil bei dieser jede überflüssige Rechnung vermieden wird.

Man kann aber auch die gewöhnliche Divisionsmethode anwenden und bei dieser alle Teiloperationen weglassen, die nur für die Gewinnung der wegzulassenden Ziffern des Quotienten notwendig wären. Man behält vom Divisor so viele Stellen bei, als der Quotient enthalten soll, vom Dividenden so viele Stellen, daß er (abgesehen vom Dezimalpunkt) eben noch größer bleibt als der Divisor, und dividiert dann, setzt aber keine Ziffern im Dividend herab, sondern streicht immer eine Stelle des Divisors ab. Dabei kann man von der nächsten Stelle des Divisors Korrektur nehmen. Dieses Verfahren wird **abgekürzte Division** genannt.

Die FOURIERsche Divisionsmethode bietet den Vorteil, daß sie keine Entscheidung über die Stellenzahl im voraus notwendig macht.

§ 8. Zusammengesetzte Rechenoperationen.

96. Allgemeines über die Ausführung zusammengesetzter Rechenoperationen.
Hat man einen verwickelten Ausdruck zu berechnen, so prüfe man, ob er nicht schon allgemein (in Buchstaben) einer Vereinfachung zugänglich ist; es wäre z. B. unzweckmäßig, eine Progression, wie $a^4 + a^3 b + a^2 b^2 + a b^3 + b^4$ Glied für Glied auszurechnen, statt die Summenformel $\dfrac{a^5 - b^5}{a - b}$ zu verwenden. Aber auch Umformungen, die algebraisch gesprochen nicht als Vereinfachungen bezeichnet werden können, sind oft für die zahlenmäßige Berechnung vorteilhaft. Hierbei kommt es übrigens wesentlich auf die zur Verfügung stehenden Hilfsmittel, ferner auch wohl auf persönliche Vorliebe oder Abneigung an. Hat man z. B. die Werte

$$10 \cdot 36 + 2, \quad 11 \cdot 36 + 2, \quad 12 \cdot 36 + 2, \cdots$$

zu berechnen, so wird man am besten tun, mit $10 \cdot 36 + 2 = 362$ anzufangen und dann immerfort 36 hinzuzufügen; kann man sich dagegen einer Vielfachentafel bedienen, so ist die ursprüngliche Form der Zahlen vorzuziehen.

Sieht man von den Hilfsmitteln ab, so gibt bei den vier Grundrechnungsarten die übliche Reihenfolge Addition, Subtraktion, Multiplikation, Division zugleich die Anordnung nach aufsteigender Schwierigkeit an; anzuschließen wären Potenzieren (101) und Wurzelziehen (104) usw. Man wird daher bei einem rationalen Ausdruck die Anzahl der Divisionen einschränken, indem man alle mehrfachen Brüche einrichtet, weiterhin an Multiplikationen sparen, indem man, wo es möglich ist, Aggregate in Faktoren zerlegt u. dgl.

So rechne man z. B. $\frac{1}{a+1} - \frac{1}{a-1}$ in der Form $\frac{2}{a^2-1}$, $a^2 + 5a + 6$ in der Form $(a+2)(a+3)$ u. dgl. Doch gelten alle diese Regeln nicht unbedingt, wie das vorhin angeführte Beispiel $a^4 + a^3b + a^2b^2 + ab^3 + b^4$ lehrt.

Beispiele hierzu bilden auch die Rechenvorschriften für die Addition und Subtraktion in 39, 44, 47, für die Multiplikation in 49, 62, für die Division in 75, 84, 86, 90, 91, für die Berechnung von Polynomen in 118.

Ein Ausfluß dieser Erwägungen ist auch die Regel, daß beim Addieren und Subtrahieren Dezimalbrüche, beim Multiplizieren und Dividieren gemeine Brüche vorteilhafter sind.

97. Restproben. Bei allen Rechnungen, die nur im Gebiet der ganzen Zahlen verlaufen, oder sich durch Umformung so darstellen lassen, liefern die sogenannten Restproben ein bequemes, allerdings nicht unbedingt sicheres Mittel zur Prüfung der Richtigkeit. Insbesondere bei den vier Grundrechnungsarten ist diese Bedingung bei Addition, Subtraktion und Multiplikation sofort erfüllt, wenn man nur die Dezimalpunkte wegschafft; bei der Division nach einer kleinen Umformung: daß a durch b dividiert den Quotienten q und den Rest r liefert, ergibt die Gleichung

$$a = bq + r$$

in ganzen Zahlen.

Man nennt zwei Zahlen a, a' kongruent nach einer dritten m, dem Modul, wenn ihre Differenz $a' - a$ durch m teilbar ist und schreibt dies:

$$a \equiv a' \quad (m).$$

Oft findet man statt (m) genauer $(\mod m)$ geschrieben.

Ist $$a \equiv a', \quad b \equiv b' \quad (m),$$

so ist auch

§ 8. Zusammengesetzte Rechenoperationen

$$a + b \equiv a' + b' \quad (m),$$
$$a - b \equiv a' - b' \quad (m),$$
$$ab \equiv a'b' \quad (m);$$

denn die Differenzen der rechten und linken Seiten sind durch m teilbar, wie die folgenden Umformungen erkennen lassen:

$$(a' + b') - (a + b) = (a' - a) + (b' - b),$$
$$(a' - b') - (a - b) = (a' - a) - (b' - b),$$
$$a'b' - ab = a'(b' - b) + (a' - a)b.$$

Allgemein kann man behaupten, daß, wenn F eine ganze Funktion mit ganzzahligen Koeffizienten bedeutet,

ist, sobald
$$F(a, b, c, \ldots) \equiv F(a', b', c', \ldots) \quad (m)$$
$$a \equiv a', \quad b \equiv b', \quad c \equiv c', \ldots \quad (m)$$

ist. In der Tat kann F stets aus Additionen, Subtraktionen und Multiplikationen aufgebaut werden und für diese ist die Richtigkeit der Aussage vorhin bewiesen worden. Z. B. ist

$$3 \equiv 8, \quad 2 \equiv 27, \quad 6 \equiv 46 \quad (5),$$

folglich muß auch

$$(6 - 2)3 + 9 \equiv (46 - 27)8 + 9 \quad (5)$$

sein; in der Tat steht links 21, rechts 161.

Genaueres über Kongruenzen findet man in den Lehrbüchern der Zahlentheorie, etwa in dem klassischen Werk von P. Lejeune-Dirichlet, Vorlesungen über Zahlentheorie, herausgegeben von R. Dedekind, Braunschweig, oder in dem leichtfaßlichen Buch G. Wertheim, Anfangsgründe der Zahlenlehre, Braunschweig 1902.

Um diesen Satz für eine Rechenprobe zu verwerten, denke man sich für $a, b, c, \ldots$ die Zahlen der Rechnung für $a', b', c', \ldots$ möglichst einfache Zahlen, mit denen sich bequem rechnen läßt, gesetzt. Als solche bieten sich am natürlichsten die sogenannten echten Reste nach m dar. Als echten Rest einer Zahl a bezeichnet man diejenige Zahl der Reihe

$$0, 1, 2, \ldots, m - 1,$$

die der Zahl a nach m kongruent ist; der echte Rest ist (bei positivem a) auch nichts anderes als der Rest bei der Division von a durch m. So z. B. ist der echte Rest von 6 nach 5 gleich 1, der echte Rest von 100 nach 7 gleich 2, der echte Rest von -18 nach 10 gleich 2.

Ähnlich wie der echte Rest kann auch der **absolut kleinste Rest** verwendet werden, der sich ergibt, wenn man jeden echten Rest, der größer als $\frac{m}{2}$ ist, um m vermindert. Man erhält so noch kleinere Zahlen, aber mit gemischten Vorzeichen.

Die Restprobe besteht nun darin, daß eine Hilfsrechnung, die sich von der ursprünglichen zu prüfenden nur dadurch unterscheidet, daß statt aller Zahlen ihre echten Reste nach einem gewissen Modul genommen werden, ein Ergebnis liefert, das dem ursprünglichen nach diesem Modul kongruent ist. Z. B.: weil

$$(12 + 17)15 - 26 = 409,$$

so muß, wenn man 2 als Modul nimmt,

$$(0 + 1)1 - 0 = 1 \equiv 409 \quad (2);$$

wenn man 10 als Modul nimmt,

$$(2 + 7)5 - 6 = 39 \equiv 409 \quad (10);$$

wenn man 23 als Modul nimmt,

$$(12 + 17)15 - 3 = 432 \equiv 409 \quad (23) \quad \text{sein.}$$

98. Geeignete Moduln für Restproben. Diese Beispiele, die mit Absicht ungünstig gewählt sind, zeigen, daß nicht jede Zahl als Modul für eine Restprobe vorteilhaft ist. Ist der Modul zu klein, so ist die Wahrscheinlichkeit, daß auch ein unrichtiges Ergebnis die verlangte Kongruenz erfüllt, groß; ist der Modul zu groß, so ist der echte Rest oft mühsam zu bestimmen und kleine Zahlen sind von ihrem echten Rest gar nicht verschieden. Manche Moduln, wie z. B. 10, eignen sich wieder deshalb nicht, weil die echten Reste bei ihnen nur von einzelnen Ziffern der Zahlen abhängen, die übrigen Ziffern daher nicht geprüft werden. Endlich ist es offenbar wichtig, die echten Reste einfach bestimmen zu können; jedenfalls sollte nicht die wirkliche Division durch den Modul erforderlich sein. Hier spielen die sogenannten Teilbarkeitsregeln eine Rolle, und zwar diejenigen, welche nicht nur über die Teilbarkeit mit ja oder nein entscheiden, sondern auch den Divisionsrest liefern.

Unter Beachtung aller dieser Umstände erweisen sich die Restproben mit den Moduln 9, 11, 101, die **Neunerprobe, Elferprobe, Hunderteinerprobe** als besonders günstig. Der echte Rest nach 9 wird bestimmt, indem man die Summe der Ziffern (die **Ziffernsumme, Quersumme**) der Zahl bestimmt und dieses Verfahren, wenn nötig, wiederholt. Der echte Rest nach 11 wird gefunden, indem man die Ziffern, mit abwechselnden Vorzeichen genommen, summiert, der echte Rest nach 101, indem man die Ziffern der Zahl, von rechts nach links fortschreitend, in zweistellige Gruppen teilt und diese mit abwechselnden Vorzeichen summiert.

Die **Neunerprobe** ist am bequemsten anzuwenden, bietet aber ziemlich geringe Sicherheit: die Weglassung von 0 oder 9, die Verwechslung von 0 mit 9, die bei der Ähnlichkeit dieser Ziffern verhältnismäßig leicht vorkommt, die Vertauschung irgend zweier Ziffern (die namentlich durch die deutsche Art, die Zahlen zu lesen, begünstigt wird, vgl. 16) bleiben unbemerkt.

Die **Elferprobe** deckt jeden Fehler auf, der nur eine Ziffer betrifft, ebenso jede Vertauschung von zwei Nachbarziffern (dagegen nicht die Vertauschung zweier durch eine ungerade Anzahl anderer getrennter Ziffern). Noch viel mehr Sicherheit gewährt die **Hunderteinerprobe**.

Ist z. B. $3\,371\,154$ durch 1375 dividiert worden und hat sich als Quotient 2451 und als Rest 1029 ergeben, so ist die Gleichung

$$3\,371\,154 = 1375 \cdot 2451 + 1029$$

zu prüfen. Die echten Reste nach 9 sind:

$$3\,371\,154 \equiv 3+3+7+1+1+5+4 = 24 \equiv 2+4 = 6,$$

$$1375 \equiv 1+3+7+5 = 16 \equiv 1+6 = 7,$$

$$2451 \equiv 2+4+5+1 = 12 \equiv 1+2 = 3, \quad 1029 \equiv 1+2 = 3$$

und es ist tatsächlich $\quad 6 \equiv 7 \cdot 3 + 3 \quad (9)$.

Die echten Reste nach 11 sind:

$$3\,371\,154 \equiv 3-3+7-1+1-5+4 = 7-5+4 = 6,$$

$$1375 \equiv -1+3-7+5 = 0,$$

$$2451 \equiv -2+4-5+1 = -2 \equiv 9, \quad 1029 \equiv -1-2+9 = 6$$

und es ist tatsächlich $\quad 6 \equiv 0 \cdot 9 + 6 \quad (11)$.

Diese Probe hat hier jedoch fast keinen Wert, da der Rest des Quotienten herausfällt, der Quotient also nicht geprüft wird. Endlich sind die echten Reste nach 101:

$$3\,371\,154 \equiv -3+37-11+54 = 77, \quad 1375 \equiv -13+75 = 62,$$

$$2451 \equiv -24+51 = 27, \quad 1029 \equiv -10+29 = 19$$

und es ist tatsächlich

$$77 \equiv 62 \cdot 27 + 19 = 1693 \quad (101).$$

99. Rechenprobe von CAUCHY. CAUCHY hat in **I** folgende Rechenprobe angegeben. Man denke sich wie in 97 die Rechnung so umgeformt, daß sie nur ganze Zahlen enthält. Nun führt man neben der zu prüfenden Rechnung eine andere aus, bei der alle Ziffern nicht mit ihrem Stellenwert genommen, sondern als Einer behandelt werden. Hierbei muß noch jede Zehnerübertragung mit dem Betrag 9 in Rechnung gebracht werden. Z. B.:

```
  93      Ziffernsumme 12       Probe: 12 + 11 = 23
 128                   11              5 + 18 = 23
  11                    5
 ───                   
 221      2 Zehnerübertragungen
```

```
 87·386   Ziffernsummen: Faktoren: 15, 17   Probe: 15·17 = 255
 ─────                 4 | Produkt: 21      21 + 26·9 = 255.
   261                11 | zusammen 26
   696                 9 | Zehnerübertragungen
   522                 2 |
    11
 ─────
 33582
```

Kommen keine Zehnerübertragungen vor, so fällt die CAUCHYsche Probe mit der Neunerprobe zusammen. Sonst hat sie vor dieser den Vorzug größerer Sicherheit, da das Vielfache von 9, das bei der Neunerprobe unbestimmt bleibt, hier mitbestimmt wird.

100. Allgemeiner Satz über den Formelfehler. Wünscht man den Formelfehler bei einer zusammengesetzten Operation kennenzulernen, so könnte man wohl, solange nur die vier Grundrechnungsarten vorkommen, nach den schon abgeleiteten Regeln schrittweise vorgehen; indessen ist es vorteilhafter, den im folgenden herzuleitenden Satz zu benutzen, der ganz allgemeine Gültigkeit hat. Es wird hierbei die Differentialrechnung herangezogen.

Ist F eine nach dem TAYLORschen Satz entwickelbare Funktion seiner Argumente, ferner $a, b, c, \ldots$ Zahlen, die durch die Näherungswerte $a_0, b_0, c_0, \ldots$ mit Fehlern $\alpha, \beta, \gamma, \ldots$ dargestellt sind:

$$a = a_0 - \alpha, \quad b = b_0 - \beta, \quad c = c_0 - \gamma, \ldots,$$

so ist der Formelfehler des Ausdrucks $F(a, b, c, \ldots)$ unter der Voraussetzung, daß, wegen der Geringfügigkeit der Fehler $\alpha, \beta, \gamma, \ldots$ beim praktischen Rechnen, Glieder, die die Fehler in höherer als der ersten Ordnung enthalten, vernachlässigt werden, nichts als das (entgegengesetzt genommene) totale Differential der Funktion F:

$$F(a_0, b_0, c_0, \ldots) - F(a, b, c, \ldots) =$$
$$= -\frac{\partial F}{\partial a}(a_0, b_0, c_0, \ldots) \cdot \alpha - \frac{\partial F}{\partial b}(a_0, b_0, c_0, \ldots) \cdot \beta -$$
$$- \frac{\partial F}{\partial c}(a_0, b_0, c_0, \ldots) \cdot \gamma - \cdots$$

§ 8. Zusammengesetzte Rechenoperationen

Sind obere Schranken $A, B, C, \ldots$ für die absoluten Werte der Fehler $\alpha, \beta, \gamma, \ldots$ bekannt, so ergibt sich als obere Schranke für den absoluten Wert des Formelfehlers:

$$\left|\frac{\partial F}{\partial a}(a_0, b_0, c_0, \ldots)\right| \cdot A + \left|\frac{\partial F}{\partial b}(a_0, b_0, c_0, \ldots)\right| \cdot B +$$
$$+ \left|\frac{\partial F}{\partial c}(a_0, b_0, c_0, \ldots)\right| \cdot C + \cdots$$

Die Ergebnisse bei der Addition und Subtraktion in 46, bei der Multiplikation in 66 und bei der Division in 94 erweisen sich ohne weiteres als besondere Fälle dieses allgemeinen Satzes.

Es sei z. B. der Fehler von $\dfrac{10{\cdot}38 - 5{\cdot}320\,\pi}{2{\cdot}33}$ abzuschätzen, worin $10{\cdot}38$, $5{\cdot}320$ und $2{\cdot}33$ abgekürzte Dezimalzahlen sind. Man setze

$$F(a, b, c, d) = \frac{a - bc}{d},$$

$a_0 = 10{\cdot}38$, $b_0 = 5{\cdot}320$, $c_0 = \pi = 3{\cdot}14159\ldots$, $d_0 = 2{\cdot}33$,
$A = 0{\cdot}005$, $B = 0{\cdot}0005$, $D = 0{\cdot}005$.

C kann beliebig angenommen werden. Man hat

$$\frac{\partial F}{\partial a} = \frac{1}{d},\ \frac{\partial F}{db} = -\frac{c}{d},\ \frac{\partial F}{\partial c} = -\frac{b}{d},\ \frac{\partial F}{\partial d} = -\frac{a - bc}{d^2},$$

daher $\left|\dfrac{\partial F}{\partial a}\right| = \dfrac{1}{2{\cdot}33} < 0{\cdot}5,\quad \left|\dfrac{\partial F}{\partial b}\right| = \dfrac{\pi}{2{\cdot}33} < \dfrac{3{\cdot}14}{2{\cdot}33} < 1{\cdot}5,$

$\left|\dfrac{\partial F}{\partial c}\right| = \dfrac{5{\cdot}320}{2{\cdot}33} < 2{\cdot}4,\quad \left|\dfrac{\partial F}{\partial d}\right| = \dfrac{-10{\cdot}33 + 5{\cdot}320\,\pi}{2{\cdot}33^2} < \dfrac{-10 + 15{\cdot}08}{5{\cdot}7} < 1.$

Bei diesen Abschätzungen ist eine geringe Genauigkeit ausreichend. Als Schranke für den absoluten Wert des Formelfehlers ergibt sich demnach:

$0{\cdot}5 \cdot 0{\cdot}005 + 1{\cdot}5 \cdot 0{\cdot}0005 + 2{\cdot}4\,C + 1 \cdot 0{\cdot}005 = 0{\cdot}00825 + 2{\cdot}4\,C.$

Nimmt man π auf drei Stellen genau, so wird $C = 0{\cdot}0005$ und die Schranke gleich $0{\cdot}00945$; nimmt man π auf vier Stellen genau, so wird $C = 0{\cdot}00005$ und die Schranke gleich $0{\cdot}00837$.

Ein Schema zur Ausführung solcher Abschätzungen gibt Guyou I.

§ 9. Potenzieren und Wurzelziehen.

101. Potenzieren. Das Potenzieren von Zahlen geschieht nach dem binomischen Satze; dabei schreitet man ziffernweise von links nach rechts fort. Z. B.

$$217^3 = (210 + 7)^3 = 210^3 + 3 \cdot 210^2 \cdot 7 + 3 \cdot 210 \cdot 7^2 + 7^3 =$$

$$= (20^3 + 3 \cdot 20^2 \cdot 1 + 3 \cdot 20 \cdot 1^2 + 1^3) \cdot 1000 +$$

$$+ 3 \cdot (20^2 + 2 \cdot 20 \cdot 1 + 1^2) \cdot 100 \cdot 7$$

$$+ 3 \cdot (20 + 1) \cdot 10 \cdot 7^2$$

$$+ 7^3 \qquad =$$

$$= 2^3 \cdot 10^6 + 3 \cdot 2^2 \cdot 10^5 + 3 \cdot 2 \cdot 10^4 + 10^3 +$$

$$+ 3 \cdot (2^2 \cdot 10^2 + 22 \cdot 10 + 1) \cdot 7 \cdot 10^2 +$$

$$+ 3 \cdot (2 \cdot 10 + 1) \cdot 7^2 \cdot 10 + 7^3 =$$

$$= 8\,000\,000 + 1\,200\,000 + 60\,000 + 1000 +$$

$$+ 926\,100 + 30\,870 + 343 = 10\,218\,313$$

oder kurz mit Weglassung aller überflüssigen Zeichen:

$$\begin{array}{r} 8 \\ 12 \\ 6 \\ 1 \\ 9261 \\ 3087 \\ 343 \\ \hline 10218313. \end{array}$$

Bei höheren Potenzexponenten wird die Rechnung ziemlich mühsam und unübersichtlich.

Für diesen Fall empfiehlt sich am meisten die Anwendung des Verfahrens für die Berechnung von Polynomen (120).

§ 9. Potenzieren und Wurzelziehen

In manchen Fällen ist eine Zerlegung des Exponenten in Faktoren oder in Summanden vorteilhaft; z. B.

$$4^6 = (4^3)^2 = 64^2 = 4096 \quad \text{oder} \quad 1{\cdot}2^5 = 1{\cdot}2^3 \cdot 1{\cdot}2^2 =$$
$$= 1{\cdot}728 \cdot 1{\cdot}44 = 2{\cdot}48832.$$

Hat die Basis sehr viele Stellen, so wird oft die Multiplikation, insbesondere die symmetrische Multiplikation (59), die bequemste Methode sein. Beim Quadrieren nach dieser Art wird man die doppelt auftretenden Ziffernprodukte nur einmal nehmen und ihre Summe verdoppeln.

102. Potenzieren ungenauer Zahlen. Ist die Zahl a nur durch den Näherungswert a_0 mit dem Fehler α gegeben:

$$a = a_0 - \alpha,$$

so haftet der Potenz a^n der absolute Fehler

$$n\, a^{n-1} \alpha$$

an, wie entweder aus dem allgemeinen Satz in **100** oder aus der Zurückführung auf Multiplikationen $a^n = a \cdot a \cdot \ldots a$ und der Regel in **66** erschlossen werden kann. Der relative Fehler ist besonders einfach:

$$\frac{n\, a^{n-1} \alpha}{a^n} = n\, \frac{\alpha}{a},$$

also gleich dem n-fachen relativen Fehler der Grundzahl.

Die Ausführung der Rechnung geschieht durch Multiplikation (**67**).

103. Tafeln der Potenzen. Tafeln der Potenzen sind ziemlich verbreitet. Die Quadrate und die Kuben der Zahlen bis 1000 (oder 1100) finden sich in den technischen Taschenbüchern, z. B. „Hütte" I, und in vielen Logarithmentafeln; eine Tafel auf knappem Raum enthält Arldt I. Bis zu 10000 reicht die Tafel Barlow II. Die höheren Potenzen (bis zur neunten oder zehnten) der Zahlen bis 100 sind ebenfalls oft anzutreffen, ferner auch Tafeln der höheren Potenzen von 2, 3, 5, z. B. bis 2^{45}, 3^{36}, 5^{27} bei Vega-Hülsse I und bei Köhler I.

Manchmal findet man auch abgekürzte Tafeln der Quadrate und der höheren Potenzen (mit nur einigen geltenden Ziffern); derlei Quadrattafeln kommen auch in Werken über Ausgleichungsrechnung vor.

Für die Quadrate kommen endlich noch die Tafeln der Viertelquadrate (62) in Betracht.

104. Ausziehung der Quadratwurzel.

Die Ausziehung der Quadratwurzel aus einer Zahl wird folgendermaßen ausgeführt. Man teilt die Zahl vom Dezimalpunkt aus nach links und rechts in Gruppen von je zwei Ziffern, bestimmt die höchste in der ersten Gruppe links enthaltene Quadratzahl a^2 und subtrahiert sie. Der Rest muß nun, wenn die gesuchte Quadratwurzel $10a + b$ gesetzt wird, gleich $20ab + b^2 = (20a + b)b$ sein. Man wird also b oder vielmehr zunächst die erste Ziffer a' von b finden, indem man den Rest mit Hinzufügung der nächsten Gruppe durch $20a$, oder einfacher nach Abstreichung der letzten Ziffer durch $2a$ dividiert. Da aber hierbei b^2 vernachlässigt wird, so wird, wenn b nicht sehr klein ist, der Quotient häufig größer als b ausfallen. In diesem Fall muß man ihn so lange um 1 verkleinern, bis $20aa' + a'^2 = (20a + a')a'$ den Rest nicht mehr übertrifft. Hat man die richtige Ziffer a' gefunden, so betrachtet man $10a + a'$ als bekannten Teil und wiederholt das Verfahren, um die nächste Wurzelziffer zu bestimmen usw. Bei diesen weiteren Schritten wird der Quotient immer häufiger sofort die richtige Ziffer liefern. Z. B.

$$\sqrt{7} = \sqrt{7{\cdot}00|00|00|00} = 2{\cdot}6457$$

```
            4
         ─────
         3 0,0              : 4 = 7
         [3 2 9]                     = 47 · 7   7 zu groß
         2 7 6                       = 46 · 6
         ───────
          2 4 0,0            : 52 = 4
          2 0 9 6                    = 524 ·
          ───────
           3 0 4 0,0         : 528 = 5
           2 6 4 2 5                 = 5285 · 5
           ─────────
             3 9 7 5 0,0     : 5290 = 7
             3 7 0 3 4 9              = 52907 · 7
             ─────────
             2 7 1 5 1  Rest
```

oder nach der österreichischen Divisionsmethode:

$$\sqrt{7{\cdot}00|00|00|00} = 2{\cdot}6457$$

```
    3 0,0                 : 4 = 7 zu groß, daher 6
    2 4 0,0               : 52 = 4
     3 0 4 0,0            : 528 = 5
      3 9 7 5 0,0         : 5290 = 7
      2 7 1 5 1  Rest.
```

105. Methode der Differenzen zur Richtigstellung der Wurzelziffern.

Die eben besprochene Unsicherheit in den Wurzelziffern kann bis zu drei Einheiten ansteigen; nämlich bei der Wurzel aus einer Zahl zwischen 280 und 289 (ohne Rücksicht auf gerade Potenzen von 10), z. B.

$$\sqrt{2|84} = 16$$

```
  1
 18,4        : 2 = 9
 261         29 · 9    9 zu groß
 224         28 · 8    8 zu groß
 189         27 · 7    7 zu groß
 156         26 · 6    6 richtig
  28 Rest.
```

Der Quotient kann sogar um 5 Einheiten zu groß werden, z. B.

$$\sqrt{3|80} = 1$$
$$2\,8|0 : 2 = 14$$

statt des richtigen Wertes 9, nur kann 14 nicht eine Ziffer im Zehnersystem sein.

Zur Vermeidung überflüssiger Rechnungen kann die Bemerkung dienen, daß die Werte der Produkte $(20a + a')a'$ für verschiedene a' einfache Differenzen aufweisen, wie die folgende Zusammenstellung zeigt:

a'	$(20a + a')a'$	Differenz
0	0	$20a + 1$
1	$20a + 1$	$20a + 3$
2	$40a + 4$	$20a + 5$
3	$60a + 9$	$20a + 7$
4	$80a + 16$	$20a + 9$
5	$100a + 25$	$20a + 11$
6	$120a + 36$	$20a + 13$
7	$140a + 49$	$20a + 15$
8	$160a + 64$	$20a + 17$
9	$180a + 81$	

Hat man daher für a' einen zu großen Wert gewählt, so subtrahiere man der Reihe nach

$$20a + 2a' - 1, \quad 20a + 2a' - 3, \ldots,$$

bis man eine Zahl erhält, die kleiner als der Dividend ist. So hätte man in dem früheren Beispiel

$\sqrt{2|84} = 1$
1 8̦4 : 2 = 9   29 · 9 = 261   zu groß
1 5 6̄   − 37
─────   ─────
 2 8 Rest   224   zu groß
                            − 35
                           ─────
                            189   zu groß
                            − 33
                           ─────
                            156   daher 6.

106. DARBOUXsche Methode der Quadratwurzelausziehung.

Die Unsicherheit in den Wurzelziffern wird auch sehr eingeschränkt bei einer von DARBOUX I angegebenen Methode. Sie besteht darin, an Stelle der Werte von $(20a + a')a'$, wie sie in 105 angeführt sind, äquidistante Werte (eine arithmetische Progression) zu setzen:

$$0,\quad 20a + 10,\quad 40a + 20,\quad 60a + 30,\ldots,\quad 180a + 90,$$

allgemein $(20a + 10)a'$. Man bemerkt, daß diese Werte um

$$0,\quad 9,\quad 16,\quad 21,\quad 24,\quad 25,\quad 24,\quad 21,\quad 16,\quad 9,$$

allgemein um $a'(10 - a')$ größer sind als die Werte $(20a + a')a'$. Nun ist die Differenz der vorhin eingeführten arithmetischen Progression $20a + 10$, also mindestens 30, folglich liegt jeder Wert $(20a + a')a'$ zwischen $(20a + 10)(a' - 1)$ und $(20a + 10)a'$. Wenn man daher beim Quadratwurzelziehen statt durch $20a$ durch $20a + 10$ (oder nach Abstreichung einer Stelle statt durch $2a$ durch $2a + 1$) dividiert, so erhält man entweder a' oder $a' - 1$ als Quotienten, je nachdem der Rest (nach Wiederhinzufügung der abgestrichenen Stelle), vermehrt um $a'(10 - a')$, kleiner als

$$(20a + a' + 1)(a' + 1) - (20a + a')a' = 20a + 2a' + 1$$

ist oder nicht.

Der Vorgang ist daher folgender: Man dividiert durch die doppelte bisher gefundene Wurzel vermehrt um 1 und bildet mit dem gefundenen Quotienten q den Ausdruck

(*) $20a + 2q + 1 - q(10 - q);$

ist dieser größer als der Divisionsrest, so ist der Divisionsrest, vermehrt um $q(10 - q)$, der Rest beim Wurzelziehen und q die richtige Wurzelziffer; wenn nicht, so liefert der Divisionsrest, vermindert um den Ausdruck (*), den Rest beim Wurzelziehen und die richtige Wurzelziffer ist $q + 1$. Auch dieses Verfahren ist besonders bei den ersten Schritten vorteilhaft.

Die Anwendung auf $\sqrt{284}$ z. B. liefert die Rechnung:

$\sqrt{2|84} = 16\cdot 8$
1
$18{,}4 : 3 = 6$ $\quad 20 + 2\cdot 6 + 1 - 6\cdot 4 =$
18 $\qquad\qquad\quad = 9 > 4 \quad 6 \text{ richtig}$
―――
4
24
$280{,}0 : 33 = 8$ $\quad 20\cdot 16 + 2\cdot 8 + 1 - 8\cdot 2 =$
264 $\qquad\qquad\quad = 321 > 160$
―――
160
16
―――
176 Rest,

die Anwendung auf $\sqrt{13}$ die Rechnung:

$\sqrt{13} = 3\cdot 605$
9
$40{,}0 : 7 = 5$ $\quad 20\cdot 3 + 2\cdot 5 + 1 - 5\cdot 5 =$
35 $\qquad\qquad\quad = 46 < 50 \quad \text{daher } 6$
―――
50
46
―――
$40{,}0 : 73 = 0$ $\quad 20\cdot 36 + 2\cdot 0 + 1 - 0\cdot 10 =$
0   $\qquad\qquad\quad = 711 > 400 \quad 0 \text{ richtig}$
―――
400
0
―――
$4000{,}0 : 721 = 5$ $\quad 20\cdot 360 + 2\cdot 5 + 1 - 5\cdot 5 =$
3605 $\qquad\qquad\quad = 7186 > 3950 \quad 5 \text{ richtig}$
―――
3950
25
―――
3975 Rest.

107. Fouriers Methode der Quadratwurzelausziehung. Wird beim Quadratwurzelziehen, wie es bei den bisher gezeigten Methoden der Fall war, jedesmal der volle Rest bestimmt, so werden die Divisoren immer größer und man bestimmt Stellen, die beim schließlichen Abbrechen der Rechnung unbenutzt bleiben. FOURIER hat ein der geordneten Division (83) nachgebildetes Verfahren angegeben, bei dem dieser Übelstand vermieden ist. Man behält den Divisor, wenn er auf zwei oder drei Stellen angewachsen ist, weiterhin bei, setzt immer nur eine Stelle herunter, muß aber die Bestandteile des

§ 9. Potenzieren und Wurzelziehen

Quadrats des bereits gefundenen Näherungswertes der Wurzel, die denselben Stellenwert besitzen wie der eben betrachtete Rest, als Verbesserung abziehen. Ihre Bestimmung erfolgt nach der Methode der symmetrischen Multiplikation, am bequemsten mit Hilfe eines Papierstreifens (wie 59, 83). Ein Beispiel möge das Verfahren zeigen:

$$\sqrt{7} = 2{\cdot}645751\ldots$$

```
              4
            ─────
            3 0,0 : 4 = 6
            2 7 6 = 46 · 6
            ─────
            2 4 0,0 : 52 = 4
            2 0 9 6 = 524 · 4
              ─────
              3 0 4 0 : 528 = 5
              2 6 4 0
              ─────
                4 0 0                    5462
Verbesserung     2 5                  2645.
              ─────
              3 9 7 5 : 528 = 7
              3 6 9 6
              ─────
                2 7 9                  75462
Verbesserung     7 0                 26457
              ─────
              2 7 2 0 : 528 = 5
              2 6 4 0
              ─────
                  8 0                 575462
Verbesserung     9 9                264575
              ─────
              7 0 1 : 528 = 1.
```

Braucht man bei einer nach dem FOURIERschen Verfahren ausgeführten Wurzelziehung nachträglich doch den genauen Rest, so kann man ihn erhalten, indem man von dem letzten Rest in der Rechnung alle noch nicht berücksichtigten Bestandteile des Quadrates der Wurzel unter gehöriger Beachtung des Stellenwertes abzieht; die Rechnung geschieht wieder am bequemsten nach der Methode der symmetrischen Multiplikation. Im eben vorgeführten Beispiel hätte man:

```
        701 : 528 = 1
        528                        1575462
        ───                        2645751
        173
         80                        1575462
         39                        2645751
                                   1575452
         10                        2645751
                                   1575462
          1                        2645751
        ─────
        1645999
```

108. Abgekürztes Quadratwurzelziehen.
Man kann dem Übelstand, daß beim gewöhnlichen Quadratwurzelziehen überflüssige Stellen bestimmt werden, auch so ausweichen, daß man anfangs das gewöhnliche Verfahren durchführt, von einem bestimmten Punkt an aber jedes Heruntersetzen von Ziffern (oder Anhängen von Nullen) unterläßt; die weitere Rechnung ist dann nichts anderes als eine abgekürzte Division (95). Das Verfahren heißt **abgekürztes Quadratwurzelziehen**.

Man kann den Vorgang auch so auffassen. Ist a der Radikand und b die Wurzel, soweit sie nach dem gewöhnlichen Verfahren gefunden wurde, so wird also der Quotient aus dem Rest $a - b^2$ und dem Doppelten der gefundenen Wurzel: $\frac{a-b^2}{2b}$ durch abgekürzte Division gesucht und zu b hinzugefügt. Man kann den Fehler abschätzen; man setze etwa

$$\sqrt{a} = b + x,$$

dann ist
$$a = b^2 + 2bx + x^2,$$

$$x = \frac{a - b^2}{2b} - \frac{x^2}{2b}.$$

Setzt man daher für x den Näherungswert $\frac{a-b^2}{2b}$, so ist der absolute Fehler

$$\frac{a-b^2}{2b} - x = \frac{x^2}{2b},$$

der relative Fehler also $\frac{x}{2b}$. Hat nun die schon gefundene Wurzel b m Ziffern, die alle richtig sind, so ist x kleiner als eine Einheit der niedrigsten Stelle von b. Denkt man sich daher x und b in solchen Einheiten ausgedrückt, und nimmt man für x den größten Wert 1, für b den kleinsten Wert, nämlich die kleinste m-ziffrige Zahl, 10^{m-1}, so folgt $\frac{x}{b} < 10^{-m+1}$, daher

$$\frac{x}{2b} < \frac{1}{2} 10^{-m+1},$$

also liefert das Verfahren die nächsten $m-1$ Ziffern richtig.

Die so bestimmte Wurzel ist also

$$b + \frac{a-b^2}{2b} = \frac{a+b^2}{2b} = \frac{1}{2}\left(b + \frac{a}{b}\right).$$

Wird die in 104 durchgeführte Berechnung von $\sqrt{7}$, die 2·6457 als Wurzelwert und 27151 als Rest geliefert hat, in der beschriebenen Weise fortgesetzt, so ergibt sich

$$27151 : 5\,\underline{2}\,\underline{9}\,\underline{1}\,\underline{4} = 5131,$$
$$694$$
$$165$$
$$6$$

also ist, auf acht Dezimalstellen genau, $\sqrt{7} = 2{\cdot}64575131$.

109. Ausziehung der Kubikwurzel. Das Verfahren zur Ausziehung der Kubikwurzel ist dem für die Ausziehung der Quadratwurzel analog. Man teilt den Radikand vom Dezimalpunkt aus nach links und rechts in Gruppen von je drei Ziffern, bestimmt die höchste in der ersten Gruppe links enthaltene Kubikzahl a^3 und subtrahiert sie. Der Rest muß nun, wenn die gesuchte Kubikwurzel gleich $10a + b$ gesetzt wird, gleich $300 a^2 b + 30 a b^2 + b^3$ sein. Das größte Glied in diesem Ausdruck ist (falls b klein ist) $300 a^2 b$; man läßt also die anderen vorläufig weg und dividiert, um b zu finden, den Rest mit Hinzufügung der nächsten Gruppe durch $300 a^2$ oder einfacher, nach Abstreichung der letzten zwei Stellen durch $3 a^2$. Mit diesem b bildet man nun $300 a^2 b + 30 a b^2 + b^3$ und subtrahiert; ist dies nicht möglich (was namentlich im Anfang sehr häufig vorkommt), so müssen kleinere Werte von b versucht werden. Z. B.

$\sqrt[3]{4} = \sqrt[3]{4{\cdot}000|000}\qquad = 1{\cdot}58$
$\phantom{\sqrt[3]{4} = \sqrt[3]{4{\cdot}0}}1$
$\overline{\phantom{\sqrt[3]{4}}30{,}00}\qquad :3 = 9$

$[5859]$	$= 300 \cdot 9 + 30 \cdot 81 + 729$	9 zu groß
$[4832]$	$= 300 \cdot 8 + 30 \cdot 64 + 512$	8 zu groß
$[3913]$	$= 300 \cdot 7 + 30 \cdot 49 + 343$	7 zu groß
$[3096]$	$= 300 \cdot 6 + 30 \cdot 36 + 216$	6 zu groß
2375	$= 300 \cdot 5 + 30 \cdot 25 + 125$	5 richtig
$\overline{6\,250{,}00}$	$:675 = 9$	
$[6\,446\,79]$	$= 300 \cdot 15^2 \cdot 9 + 30 \cdot 15 \cdot 9^2 + 729$	9 zu groß
$558\,512$	$= 300 \cdot 15^2 \cdot 8 + 30 \cdot 15 \cdot 8^2 + 512$	8 richtig
$\overline{66\,488}$ Rest.		

Dieses direkte Verfahren der Kubikwurzelausziehung ist ziemlich umständlich und wird daher gern umgangen.

Das günstigste Verfahren liefern die Logarithmen (127); andere Verfahren werden in 112, 114, 123 angegeben.

110. Besondere Methoden für das Kubikwurzelziehen. Die für das Quadratwurzelziehen in 105—108 angegebenen besonderen Methoden lassen sich, zum Teil freilich nicht ganz ungezwungen, auf das Kubikwurzelziehen übertragen. Doch sollen wegen geringerer

§ 9. Potenzieren und Wurzelziehen

Wichtigkeit des Kubikwurzelziehens für das praktische Rechnen hier nur einzelne Bemerkungen folgen.

Die DARBOUXsche Methode besteht darin, daß nicht durch $3a^2$, sondern durch $3a^2 + 3a + 1$ dividiert wird; der Quotient liefert entweder selbst die nächste Wurzelziffer, oder er muß um 1, in manchen Fällen auch um 2 erhöht werden.

Genaueres etwa bei LÜROTH I, S. 158.

Wird nach einigen Schritten nicht mehr heruntergesetzt, sondern abgekürzt dividiert, so erhält man das abgekürzte Kubikwurzelziehen. Ähnlich wie beim abgekürzten Quadratwurzelziehen (108) bekommt man, wenn m Ziffern der Wurzel bereits bekannt sind, noch $m - 2$ weitere richtige und eine auf eine Einheit unsichere. In der Tat, ist a der Radikand, b die bereits gefundene Kubikwurzel und
so folgt
$$\sqrt[3]{a} = b + x,$$
$$a = b^3 + 3b^2 x + 3bx^2 + x^3, \quad x = \frac{a - b^3}{3b^2} - \frac{x^2}{b} - \frac{x^3}{3b^2};$$

der absolute Fehler wird also durch $\frac{x^2}{b} + \frac{x^3}{3b^2}$, und da das zweite Glied gegen das erste klein ist, genügend genau durch $\frac{x^2}{b}$, der relative daher durch $\frac{x}{b}$ angegeben, woraus sich die angegebene Aussage ablesen läßt (vgl. 108).

Der gefundene Wurzelwert ist
$$b + \frac{a - b^3}{3b^2} = \frac{a + 2b^3}{3b^2} = \frac{1}{3}\left(2b + \frac{a}{b^2}\right).$$

III. **Ausziehung höherer Wurzeln.** Auch für die Ausziehung von Wurzeln mit Exponenten über 3 gibt es direkte Methoden, die sich jedoch für das praktische Rechnen nicht eignen, weil sie viel zu umständlich sind.

Nur um dem, wie es scheint, verbreiteten Fehlurteil (man möchte fast Aberglauben sagen) entgegenzutreten, als sei man bei der Berechnung etwa der fünften Wurzel auf indirekte Methoden angewiesen, möge etwa die Berechnung von $\sqrt[5]{2}$ skizziert werden. Die Ganzen betragen offenbar 1, der Rest ist $2 - 1^5 = 1$; wird nun die Wurzel $1 + b$ genannt, so muß der Rest 1 gleich $5b + 10b^2 + 10b^3 + 5b^4 + b^5$ sein. Um die nächste Ziffer zu finden, nehme man vorläufig nur das erste Glied $5b$ als das größte, dann hat man $10{,}0000$ durch 5 zu dividieren, was 1 liefert (da 2 offenkundig zu groß ist). Nun bilde man
$$50\,000 \cdot 1 + 10\,000 \cdot 1^2 + 1000 \cdot 1^3 + 50 \cdot 1^4 + 1^5 = 61\,051$$
und subtrahiere von 100 000, so erhält man den neuen Rest 38 949. Ähnlich wäre fortzufahren.

In besonderen Fällen, nämlich wenn sich der Wurzelexponent in die Faktoren 2 und 3 zerlegen läßt, kommt man mit dem Quadrat- und Kubikwurzelziehen aus, so z. B.

$$\sqrt[4]{a} = \sqrt{\sqrt{a}}, \quad \sqrt[6]{a} = \sqrt{\sqrt[3]{a}} \text{ usw.}$$

In allen anderen Fällen tut man gut, andere Rechenverfahren anzuwenden.

Das wichtigste dieser Verfahren ist die logarithmische Rechnung (127), andere werden in 112, 114, 123 mitgeteilt.

112. Wurzelausziehung mit Hilfe der binomischen Entwicklung.

Ein sehr bequemes Verfahren zur zahlenmäßigen Berechnung von Wurzeln liefert die binomische Entwicklung, die Anwendung der TAYLORschen Entwicklung auf Potenzen mit beliebigen, also auch gebrochenen, Exponenten. Die Formel der binomischen Entwicklung wird in den Lehrbüchern der Differentialrechnung*) hergeleitet; sie lautet

$$(1+x)^k = 1 + \binom{k}{1}x + \binom{k}{2}x^2 + \cdots + \binom{k}{n-1}x^{n-1} + \binom{k}{n}x^n(1+\theta x)^{k-1}.$$

Dabei sind die verallgemeinerten Binomialkoeffizienten

$$\binom{k}{1} = \frac{k}{1}, \quad \binom{k}{2} = \frac{k \cdot \overline{k-1}}{1 \cdot 2}, \quad \binom{k}{3} = \frac{k \cdot \overline{k-1} \cdot \overline{k-2}}{1 \cdot 2 \cdot 3}, \ldots;$$

ferner ist θ eine Größe, von der nur bekannt ist, daß sie zwischen 0 und 1 liegt.

Insbesondere hat man für $k = \frac{1}{2}$

$$\sqrt{1+x} = (1+x)^{\frac{1}{2}} = 1 + \frac{1}{2}x - \frac{1}{8}x^2 + \frac{1}{16}x^3 - \frac{5}{128}x^4 + \cdots$$

$$\cdots + \binom{\frac{1}{2}}{n-1}x^{n-1} + \binom{\frac{1}{2}}{n}x^n(1+\theta x)^{\frac{1}{2}-n},$$

für $k = \frac{1}{3}$

$$\sqrt[3]{1+x} = (1+x)^{\frac{1}{3}} = 1 + \frac{1}{3}x - \frac{1}{9}x^2 + \frac{5}{81}x^3 - \frac{10}{243}x^4 + \cdots$$

$$\cdots + \binom{\frac{1}{3}}{n-1}x^{n-1} + \binom{\frac{1}{3}}{n}x^n(1+\theta x)^{\frac{1}{3}-n},$$

---

*) Siehe z. B. SERRET-SCHEFFERS Lehrbuch der Differential- und Integralrechnung, Leipzig und Berlin, I. Band, Nr. 125; KIEPERT, Differentialrechnung, Hannover, viele Auflagen, § 44; NERNST-SCHÖNFLIES, Einführung in die mathematische Behandlung der Naturwissenschaften, München, viele Auflagen, VIII. Kapitel, § 9; SCHRUTKA, Elemente der höheren Mathematik, 1. Aufl. Wien und Leipzig 1912, Nr. 319, 2. Aufl. Wien und Leipzig 1920, Nr. 359.

§ 9. Potenzieren und Wurzelziehen

für $k = \dfrac{1}{4}$

$$\sqrt[4]{1+x} = (1+x)^{\frac{1}{4}} = 1 + \frac{1}{4}x - \frac{3}{32}x^2 + \frac{7}{128}x^3 - \frac{77}{2048}x^4 + \cdots$$

$$\cdots + \binom{\frac{1}{4}}{n-1}x^{n-1} + \binom{\frac{1}{4}}{n}x^n(1+\theta x)^{\frac{1}{4}-n},$$

für $k = \dfrac{1}{5}$

$$\sqrt[5]{1+x} = (1+x)^{\frac{1}{5}} = 1 + \frac{1}{5}x - \frac{2}{25}x^2 + \frac{6}{125}x^3 - \frac{21}{625}x^4 + \cdots$$

$$\cdots + \binom{\frac{1}{5}}{n-1}x^{n-1} + \binom{\frac{1}{5}}{n}x^n(1+\theta x)^{\frac{1}{5}-n},$$

für $k = \dfrac{2}{3}$

$$\sqrt[3]{(1+x)^2} = \sqrt[3]{1+x}^2 = (1+x)^{\frac{2}{3}} = 1 + \frac{2}{3}x - \frac{1}{9}x^2 + \frac{4}{81}x^3 - \frac{7}{243}x^4 + \cdots$$

$$\cdots + \binom{\frac{2}{3}}{n-1}x^{n-1} + \binom{\frac{2}{3}}{n}x^n(1+\theta x)^{\frac{2}{3}-n},$$

für $k = \dfrac{1}{2}$

$$\frac{1}{\sqrt{1+x}} = (1+x)^{-\frac{1}{2}} = 1 - \frac{1}{2}x + \frac{3}{8}x^2 - \frac{5}{16}x^3 + \frac{35}{128}x^4 - \cdots$$

$$\cdots + \binom{-\frac{1}{2}}{n-1}x^{n-1} + \binom{-\frac{1}{2}}{n}x^n(1+\theta x)^{-\frac{1}{2}-n}.$$

Die binomische Entwicklung eignet sich nur dann zur Berechnung, wenn man nicht viele Glieder nehmen muß, also mit einem kleinen Wert von n auslangt. Da in dem sogenannten Restglied

$$\binom{k}{n}x^n(1+\theta x)^{k-n},$$

dem einzigen, das nicht genau angebbar ist, sondern abgeschätzt werden muß, x^n vorkommt, so erkennt man, daß die Entwicklung um so günstiger ist, je kleiner $|x|$ ist. Man muß also trachten, daß die Basis $1+x$ nahe bei 1 liegt.

Ist nun etwa a^k zu berechnen, so verschaffe man sich zunächst eine Zahl a' in der Nähe von a, für die a'^k leicht angebbar ist, dann ist $\dfrac{a}{a'}$ nahezu 1,

$$a^k = a'^k \left(\frac{a}{a'}\right)^k$$

und nun wende man auf $\frac{a}{a'}$ die binomische Entwicklung an. Die Zahl a' kann man oft aus der binomischen Entwicklung selbst erhalten, indem man nur die allerersten Glieder berechnet. Will man eine große Genauigkeit erreichen, so ist es zweckmäßig, zunächst einen weniger genauen Wert zu bestimmen, sich daraus ein noch günstigeres a' zu verschaffen und den ganzen Vorgang zu wiederholen. Man kann bei der Berechnung entweder das Restglied ganz weglassen und nur abschätzen, welchen Einfluß es im äußersten Falle haben könnte, oder man schließt es zwischen zwei Schranken ein, indem man für $1 + \theta x$ einmal 1, einmal $1 + x$ wählt; dies gibt die Schranken

$$\binom{k}{n} x^n \quad \text{und} \quad \binom{k}{n} x^n (1+x)^{k-n} = \binom{k}{n} \frac{x^n}{(1+x)^n}(1+x)^k.$$

Hierin kommt die Größe $(1+x)^k$, die zu bestimmen ist, selbst wieder vor, doch reicht man an dieser Stelle offenbar auch mit einer oberflächlichen Abschätzung aus.

113. Beispiel für die Anwendung der binomischen Entwicklung.

Ein Beispiel möge den Vorgang erläutern. Ist $\sqrt{7}$ zu bestimmen, so kann man etwa das nächstgelegene Quadrat 9 heranziehen:

$$\sqrt{7} = \sqrt{9} \cdot \sqrt{\frac{7}{9}} = 3\sqrt{\frac{7}{9}},$$

$$\sqrt{\frac{7}{9}} = \left(1 - \frac{2}{9}\right)^{\frac{1}{2}} = 1 + \frac{1}{2} \cdot -\frac{2}{9} - \frac{1}{8} \cdot \left(-\frac{2}{9}\right)^2 + \cdots$$

$$\cdots + \binom{\frac{1}{2}}{n}\left(-\frac{2}{9}\right)^n \left(1 - \theta \frac{2}{9}\right)^{\frac{1}{2}-n}.$$

Läßt man das Restglied ganz weg, so beträgt der Fehler, absolut genommen, weniger als

$$\left|\binom{\frac{1}{2}}{n}\right|\left(\frac{2}{9}\right)^n\left(1 - \frac{2}{9}\right)^{\frac{1}{2}-n} = \left|\binom{\frac{1}{2}}{n}\right|\left(\frac{2}{9}\right)^n \cdot \left(\frac{9}{7}\right)^{n-\frac{1}{2}} < \left|\binom{\frac{1}{2}}{n}\right|\left(\frac{2}{7}\right)^n.$$

Will man daher für $\sqrt{7}$ eine absolute Genauigkeit von etwa $\frac{1}{100}$, daher für $\sqrt{\frac{7}{9}}$ von $\frac{1}{300}$ haben, so muß man $n = 3$ nehmen, denn

$$\binom{\frac{1}{2}}{3} = \frac{1}{16}, \quad \left(\frac{2}{7}\right)^3 = \frac{8}{343} < \frac{1}{42}, \quad \frac{1}{16} \cdot \frac{1}{42} < \frac{1}{300}.$$

§ 9. Potenzieren und Wurzelziehen

Also ist
$$\sqrt{\tfrac{7}{9}} = 1 + \tfrac{1}{2} \cdot -\tfrac{2}{9} \div \tfrac{1}{8} \cdot \left(-\tfrac{2}{9}\right)^2 = 1 - \tfrac{1}{9} - \tfrac{1}{162} = \tfrac{143}{162},$$
$$\sqrt{7} = \tfrac{143}{54} = 2{\cdot}64815.$$

Genauer wird das Ergebnis, wenn man das Restglied in Schranken einschließt: $1 - \theta \tfrac{2}{9}$ liegt zwischen 1 und $1 - \tfrac{2}{9} = \tfrac{7}{9}$, daher $\sqrt{1 - \theta \tfrac{2}{9}}$ zwischen 1 und $\sqrt{\tfrac{7}{9}} = \tfrac{7}{\sqrt{63}} > \tfrac{7}{8}$, daher das Restglied

$$\binom{\tfrac{1}{2}}{n}\left(-\tfrac{2}{9}\right)^n \left(1 - \theta \tfrac{2}{9}\right)^{-n} \sqrt{1 - \theta \tfrac{2}{9}}$$

zwischen

$$(-1)^n \binom{\tfrac{1}{2}}{n}\left(\tfrac{2}{9}\right)^n \left(\tfrac{7}{9}\right)^{-n} \cdot \tfrac{7}{8} = (-1)^n \binom{\tfrac{1}{2}}{n}\left(\tfrac{2}{7}\right)^n \cdot \tfrac{7}{8} \quad \text{und}$$

$$(-1)^n \binom{\tfrac{1}{2}}{n}\left(\tfrac{2}{9}\right)^n \cdot 1 \cdot 1 = (-1)^n \binom{\tfrac{1}{2}}{n}\left(\tfrac{2}{9}\right)^n.$$

Nimmt man wieder $n = 3$, so sind die beiden Schranken

$$-\tfrac{1}{16} \cdot \tfrac{2^3}{7^3} \cdot \tfrac{7}{8} = -\tfrac{1}{16 \cdot 7^2} = -\tfrac{1}{784} = -0{\cdot}00128$$

und $\quad -\tfrac{1}{16} \cdot \tfrac{2^3}{9^3} = -\tfrac{1}{2 \cdot 9^3} = -\tfrac{1}{1858} = -0{\cdot}00068.$

Also liegt $\sqrt{7}$ zwischen

$$2{\cdot}64815 - 3 \cdot 0{\cdot}00128 = 2{\cdot}64431$$
und $\quad 2{\cdot}64815 - 3 \cdot 0{\cdot}00068 = 2{\cdot}64611.$

Wollte man $\sqrt{7}$ recht genau erhalten, so könnte man etwa den Näherungswert $\tfrac{143}{54}$ verwerten:

$$\sqrt{7} = \sqrt{\left(\tfrac{143}{54}\right)^2 \cdot \tfrac{7 \cdot 54^2}{143^2}} = \tfrac{143}{54} \cdot \sqrt{\tfrac{20412}{20449}};$$

der Radikand $\tfrac{20412}{20449}$ ist sehr wenig von 1 verschieden und gestattet eine vorteilhafte Anwendung der binomischen Entwicklung.

7*

114. Wurzelausziehung als Auflösung von Gleichungen.
Die Berechnung von $\sqrt[n]{a}$ ist nichts anderes als die Auflösung der sogenannten **binomischen** oder **reinen** Gleichung

$$x^n - a = 0.$$

Es können daher alle für die Auflösung der Gleichungen im allgemeinen brauchbaren Methoden hier ebenfalls Anwendung finden. Die Darstellung dieser Auflösungsmethoden ist ein Gegenstand der Algebra*).

Nun zeigt es sich, daß einzelne von diesen Methoden sich auch für den besonderen Fall, um den es sich hier handelt, besonders gut eignen. Diese sollen daher besprochen werden.

115. Wurzelausziehung nach der NEWTONschen Näherungsmethode.
Die sogenannte NEWTONsche Näherungsmethode besteht darin, daß man von einem Näherungswert ausgeht und die noch notwendige Verbesserung als neue Unbekannte betrachtet. Da sie klein ist, so läßt man alle ihre höheren Potenzen weg, so daß sie aus einer linearen Gleichung bestimmt wird. Man bekommt so einen besseren Näherungswert und kann, wenn dessen Genauigkeit nicht ausreicht, das Verfahren wiederholen. Wendet man diesen Vorgang auf die Gleichung

$$x^n - a = 0$$

an, so hat man von einem Näherungswert b von $\sqrt[n]{a}$ auszugehen, setze

$$x = b + h,$$

$$(b+h)^n - a = 0, \quad \text{daher} \quad b^n + n b^{n-1} h - a \doteq 0,$$

woraus sich für die Verbesserung der Wert $\dfrac{a-b^n}{n b^{n-1}}$, daher für die Wurzel der neue Näherungswert

$$b + \frac{a-b^n}{n b^{n-1}} = \frac{a + \overline{n-1}\, b^n}{n b^{n-1}} = \frac{1}{n}\left(\overline{n-1}\, b + \frac{a}{b^{n-1}}\right)$$

ergibt.

---

*) Es sei hier etwa genannt: K. RUNGE, Praxis der Gleichungen [Sammlung Schubert 14], Leipzig 1900; 2. verbesserte Aufl., [Göschens Lehrbücherei I 2] Berlin und Leipzig 1921; H. WEBER, Lehrbuch der Algebra I, Braunschweig 1898, 10. Abschnitt; kleine Ausgabe in einem Bande, Braunschweig 1912, 7. Abschnitt; SERRET, Handbuch der höheren Algebra I, Leipzig 1878, S. 263—304; SCHRUTKA, Elemente der höheren Mathematik, 1 Aufl., Wien und Leipzig 1912, § 42; 2. Aufl., Wien und Leipzig 1920, § 48.

Man erkennt in den Formeln in 108 und 110 besondere Fälle dieser Formel.

Da der Divisor nb^{n-1} wechselt, hat CAUCHY (**II**) vorgeschlagen, dafür

$$b + \frac{(a - b^n)b}{na}$$

zu setzen und $\frac{1}{na}$ im voraus zu berechnen, so daß dann auch bei wiederholter Anwendung der Methode keine Division mehr erforderlich ist (vgl. 85).

Allerdings ist die Genauigkeit dieser Formel bei kleinem Exponenten n beträchtlich geringer, vgl. SCHRUTKA **IV**.

Eine Annäherung ähnlicher Art ist von PARLOW angegeben worden, siehe LAMPE **I**.

116. Wurzelausziehung nach der Regula falsi. Bei der Regula falsi verfährt man so, daß man zwei den Wurzelwert einschließende Näherungswerte zum Ausgangspunkt wählt und ihr Intervall im Verhältnis der Abweichungen einteilt. Sind b und b' zwei Näherungswerte von $\sqrt[n]{a}$, so hat man als Abweichungen $b^n - a$ und $b'^n - a$ und findet als verbesserten Näherungswert

$$b + \frac{a - b^n}{b'^n - a + a - b^n}(b' - b) = b + \frac{a - b^n}{b'^n - b^n}(b' - b) =$$
$$= b + \frac{a - b^n}{b'^{n-1} + b'^{n-2}b + \cdots + b^{n-1}}.$$

Der gewöhnliche Fall ist der, daß, in Einheiten der letzten Dezimalstelle ausgedrückt, $b' = b + 1$ ist; die Formel lautet dann

$$b + \frac{a - b^n}{nb^{n-1} + \binom{n}{2}b^{n-2} + \cdots + 1}.$$

Man erkennt hierin die Formel der DARBOUXschen Methode (106, 110). Eigentümlich ist dieser aber die weitere Entscheidung über die Richtigkeit der gefundenen Ziffer.

117. Tafeln von Wurzeln. Quadrat- und Kubikwurzeln kommen häufig vor (z. B. bei geometrischen Rechnungen), während ihre Berechnung recht mühsam ist; aus diesem Grunde sind tabellarische Zusammenstellungen hier besonders wertvoll.

Man findet Tafeln der Quadratwurzeln fast in allen Tafeln, Tafeln der Kubikwurzeln recht häufig. Besonders ausgedehnt sind die Tafeln in BARLOW **II**: bis 10000 siebenstellig, VEGA-HÜLSSE **I**: bis 10000, und zwar die Quadratwurzeln zwölfstellig, die Kubikwurzeln siebenstellig, „Hütte" **I**: bis 1100 vierstellig, KÖHLER **II**: bis 1000 siebenstellig, LIGOWSKI **I**: bis 1000 vierstellig.

Tafeln höherer Wurzeln scheinen keine vorzukommen. Einen unvollkommenen Ersatz bilden die Tafeln höherer Potenzen (**l03**).

§ 10. Rechnerische Behandlung von Polynomen.

118. Berechnung des Wertes eines Polynoms nach HORNER.
Unter einem Polynom (einer ganzen Funktion) einer Veränderlichen (nur solche kommen hier vor) versteht man bekanntlich eine Summe von Potenzen der Veränderlichen, jede mit einem Koeffizienten multipliziert. Wird ein Polynom von x nach den Exponenten geordnet, so hat es die Gestalt

$$F(x) = a_0 x^n + a_1 x^{n-1} + a_2 x^{n-2} + \ldots + a_{n-1} x + a_n.$$

Der höchste Exponent, hier n, bestimmt den Grad (die Dimension) des Polynoms.

Um den Wert des Polynoms für einen bestimmten Wert x_0 des Arguments x zu berechnen, kann man, um nach dem in **96** Gesagten an Multiplikationen zu sparen, folgende Umformung vornehmen:

$$F(x_0) = \bigl(\ldots(((a_0 x_0 + a_1) x_0 + a_2) x_0 + a_3) x_0 + \ldots + a_{n-1}\bigr) x_0 + a_n.$$

Für die Durchführung der Rechnung hat W. G. HORNER 1819 ein bequemes Schema angegeben:

	a_0	a_1		$a_2 \; \ldots$	a_n
x_0	a_0	$a_0 x_0 + a_1$	$(a_0 x_0 + a_1) x_0 + a_2$	$\ldots$	$F(x_0)$

Man überzeugt sich sofort, daß

$$F(x) = a_0 x^n + a_1 x^{n-1} + \ldots + a_n =$$
$$= (x-x_0)[a_0 x^{n-1} + (a_0 x_0 + a_1) x^{n-2} + ((a_0 x_0 + a_1) x_0 + a_2) x^{n-3} + \cdots]$$
$$+ (\cdots (a_0 x_0 + a_1) \cdots) x_0 + a_n$$

ist. Es sind demnach die beim HORNERischen Schema auftretenden Zwischenergebnisse nichts anderes als die Koeffizienten des Quotienten bei der Division von $F(x)$ durch $x - x_0$ und das Endergebnis $F(x_0)$

§ 10. Rechnerische Behandlung von Polynomen

der Divisionsrest. Die hier beschriebene Rechenweise wird aus diesem Grunde auch das HORNERsche Divisionsverfahren genannt.

Es ist zweckmäßig, das Endergebnis, etwa durch Unterstreichen, von den Zwischenergebnissen zu unterscheiden.

Um z. B. den Wert von $x^4 - 7x^2 + 5x - 20$ für $x = 12$ zu bestimmen, hat man folgende Rechnung:

	1	0	-7	5	-20
12	1	12	137	1649	19768

119. Anpassung des HORNERschen Verfahrens an das Positionssystem. Das HORNERsche Verfahren läßt sich noch so umformen, daß immer nur eine Ziffer von x in die Rechnung eintritt. Um dies zu erreichen, denke man sich x durch Abtrennung einer Ziffer in zwei Teile zerlegt; es wird daher überhaupt zu untersuchen sein, in welcher Weise ein in zwei Teile zerlegtes Argument $x = p + x'$ bei der Rechnung zu behandeln ist.

Denkt man sich

$$F(p + x') = a_0(p + x')^n + a_1(p + x')^{n-1} + \cdots + a_{n-1}(p + x') + a_n$$

nach den Potenzen von x' geordnet, so entsteht jedenfalls wieder ein Polynom $n$ten Grades:

$$a_0' x'^n + a_1' x'^{n-1} + \cdots + a_{n-1}' x' + a_n'.$$

Man nennt dies die **Transformation** des Polynoms $F(x)$ auf das neue Argument x' vermöge der Substitution $x = p + x'$.

Die Transformation kann theoretisch auch nach der TAYLORschen Entwicklung durchgeführt werden.[*]

Man bemerkt sofort, daß $a_0' = a_0$ ist.

Die übrigen Koeffizienten ergeben sich in der Reihenfolge von rechts nach links als Reste, wenn man $F(x)$ durch $x - p$ dividiert, den Quotienten abermals, usf. Diese aufeinanderfolgenden Divisionen können beim HORNERschen Verfahren unmittelbar aneinander angeschlossen werden.

Danach kann die Berechnung von $x^4 - 7x^2 + 5x - 20$ für $x = 12$ Ziffer um Ziffer folgendermaßen ausgeführt werden (statt der Unterstreichung pflegt man eine gebrochene Linie zu ziehen):

---

[*] Man vergleiche etwa SCHRUTKA, Elemente der höheren Mathematik, 1. Aufl., Leipzig u. Wien 1912, Nr. 437, 445; 2. Aufl., Leipzig u. Wien 1920, Nr. 550, 559.

§ 10. Rechnerische Behandlung von Polynomen

	1	0	−7	5	−20
10	1	10	93	935	9330
	1	20	293	3865	19768
	1	30	593	5219	
	1	40	677		
2	1	42			

Kommen beim Argument Stellen daran, die bei den Koeffizienten nicht vertreten sind, so sind in der ersten, zweiten, dritten usw. Spalte 0, 1, 2, ... Nullen anzuhängen. So wäre z. B. der Wert von $x^4 - 7x^2 + 5x - 20$ für $x = 12.5$ folgendermaßen zu berechnen:

	1	0	−7	5	−20
10	1	10	93	935	9330
	1	20	293	3865	19768·0000
	1	30	593	5219	233628125
	1	40	677	6749·000	
2	1	42	765	7189625	
	1	44	857·00		
	1	46	88125		
	1	48·0			
5	1	485			

Die Anwendung auf ein Polynom ax ergäbe ein Verfahren für die Multiplikation, bei dem jedes Teilprodukt einzeln addiert wird.

120. Anwendung auf das Potenzieren.

Wendet man das HORNERische Verfahren auf das Polynom x^n an, so erhält man eine neue Methode für das Potenzieren; diese Methode ist sogar in den meisten Fällen die allerbequemste für das Ziffernrechnen.

Um z. B. den Kubus von 1089 zu berechnen, hat man folgende Rechnung:

	1	0	0	0
1	1	1	1	1000000
	1	2	30000	1259712000
	1	300	32464	1291467969
08	1	308	3499200	
	1	316	3528441	
	1	3240		
9	1	3249		

§ 10. Rechnerische Behandlung von Polynomen

Für das Quadrieren insbesondere ergibt sich das auch sonst naheliegende und häufig empfohlene Verfahren, jedesmal die beiden Glieder $2ab + b^2$ zu $(2a + b)b$ zusammenzufassen, z. B. 127^2:

```
            1    0       0
        1 | 1    1      1 o o
            1   2 o    ⌐144 o o
        2 | 1   22      |16129
            1   24 o
        7 | 1   247
```

121. Horners Verfahren zur Auflösung von algebraischen Gleichungen. Wenn man das HORNERische Verfahren auf ein Polynom $F(x)$ anwendet, dabei aber den Argumentwert nicht vorschreibt, sondern vielmehr Ziffer für Ziffer so bestimmt, daß der Funktionswert immer genauer Null wird, so bildet sich eine Wurzel der algebraischen Gleichung $F(x) = 0$. Das Verfahren ist von W. G. HORNER 1819 angegeben worden.

Auf die Untersuchungen zur Auffindung aller Wurzeln einer Gleichung kann hier nicht eingegangen werden; es sei vielmehr auf die schon in 114 genannten Darstellungen verwiesen.

Zur leichteren Bestimmung der Ziffern kann die Bemerkung dienen, daß die Koeffizienten nach rechts hin im allgemeinen anwachsen (und zwar, je weiter die Rechnung vorschreitet, um so mehr), daß daher eine Näherung für die Ziffer gefunden wird, wenn man nur die beiden letzten berücksichtigt und daher den letzten Koeffizienten durch den vorletzten dividiert (der vorletzte Koeffizient dient, wie die Engländer sich ausdrücken, als Versuchsdivisor).

Offenbar wird man zweckmäßig von beiden Koeffizienten (unter Beachtung des Stellenwertes) nur die höchsten Stellen heranziehen.

Das Prinzip dieser Annäherung unterscheidet sich nicht von dem der NEWTONschen Näherungsmethode (114); denn betrachtet man die hinzuzufügende Ziffer als Verbesserung, so bleiben vermöge der Weglassung der vorhergehenden Koeffizienten eben gerade deren höhere Potenzen unberücksichtigt.

Als Beispiel werde etwa die zwischen 2 und 3 gelegene Wurzel der Gleichung $x^3 + x = 11$ approximiert:

	1	0	1	− 11
2	1	2	5	− 1 000000
	1	4	13 0000	− 60 257 000
	1	6 00	134249	− 4738776 000
07	1	6 07	1385470 0	− 566887593
	1	614	13879556	
	1	621 0	1390442 8 00	
4	1	6214	1390629469	
	1	6218		
	1	6222 0		
3	1	62223		

Die Ziffern 0, 7, 4, 3 ergeben sich als die angenäherten Quotienten der Divisionen 1000:1300 oder einfacher 10:13, 100:13, 60:14, 47:14. Die Wurzel ist 2·0743.

122. Abgekürztes HORNERisches Auflösungsverfahren.

Die Auflösung einer algebraischen Gleichung nach dem HORNERschen Verfahren leidet an einem Übelstand, wie er auch schon in 95 und 108 aufgetreten, daß nämlich Stellen mitgeführt werden, die beim Abbrechen der Rechnung unbenützt bleiben. Man kann dem jedoch auf folgende Art ausweichen. Bedenkt man, daß jedes Stadium der Rechnung, wie es durch die gebrochenen Linien festgehalten wird, eine durchgeführte Transformation (119) der Gleichung darstellt, so erkennt man, daß es erlaubt ist, an solchen Stellen alle Koeffizienten durch einen gemeinsamen Faktor zu dividieren; als solche Faktoren kommen insbesondere Potenzen von 10 in Betracht. Man kann also z. B. statt an die Koeffizienten 0, 1, 2, 3, ... Nullen anzuhängen, vom ersten eine Anzahl Stellen abstreichen, vom zweiten um eine Stelle weniger, vom dritten wieder eine Stelle weniger usw. Hierbei kommt es häufig vor, daß die Koeffizienten links, die langsam gewachsen sind, ganz abgestrichen werden. Die Rechnung geht dann so weiter, als ob der Grad der Gleichung niedriger geworden wäre. Man kommt auf diese Weise schließlich zu einer Gleichung ersten Grades, mit anderen Worten, auf eine abgekürzte Division.

Diese Division fällt mit den Versuchsdivisionen zur Bestimmung der Ziffern im wesentlichen zusammen.

Die hier beschriebene Rechenweise heißt das abgekürzte HORNERische Verfahren.

Zur Erläuterung möge die Anwendung auf die Gleichung $x^3 + x = 11$ aus 121 gezeigt werden. Es möge etwa nach Bestimmung der Ziffern 2, 0, 7 mit dem Abstreichen begonnen werden und zwar so, daß beim letzten Koeffizienten rechts die sechs Dezimalstellen bleiben:

§ 10. Rechnerische Behandlung von Polynomen

```
        1    0       1        −11
    2 | 1    2       5        −1 000000
        1    4      13 0000       −60257
        1    6 0 0  134249        −4745
   07 | 1    607    13854|7       −575
        1    614    13878         −19
      |..1   6|21   1390|2
    4 |      6      13,9,0
      |.6
    ─────
    3
    4
    1
```

Die Wurzel lautet demnach 2·074341. Man hätte noch von den abgestrichenen Stellen Korrektur nehmen können, um ein genaueres Ergebnis zu erzielen.

123. Anwendung auf das Wurzelziehen. Wendet man das HORNERsche Auflösungsverfahren auf reine Gleichungen an, so erhält man ein sehr vorteilhaftes Wurzelausziehungsverfahren. So z. B. hat man für $\sqrt{7}$ folgende Rechnung:

```
          1    0      −7
     2  | 1    2      −3 00
          1    4 0      −24 00
     6  | 1    46       −304 00
          1    5 2 0    −39750 0
     4  | 1    524       −27151
          1    528 0     −694
     5  | 1    5285      −165
          1    5290 0    −6
     7  | 1    52907
          1    5291|4
    ─────
    5          5|2|9|1|4
    1
    3
    1
```

Wie der Vergleich mit **104** und **108** zeigt, ist die Rechnung beim Quadratwurzelziehen nur in der Anordnung von der früher gezeigten verschieden; der Vorteil liegt nur darin, daß dasselbe Schema für alle Fälle anwendbar bleibt. Wesentlich ist dagegen der Gewinn bei höheren Exponenten. Es werde noch $\sqrt[5]{2}$ bestimmt (vgl. **111**):

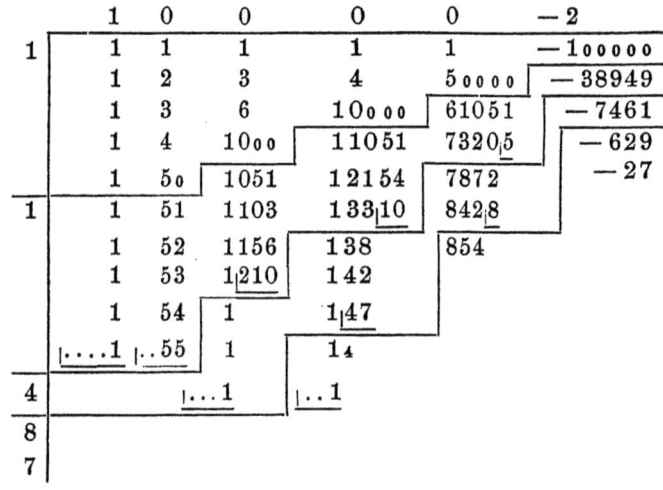

Also ist $\sqrt[5]{2} = 1{\cdot}1487$.

124. Verwendung der Rechenmaschine beim HORNERischen Verfahren. Die Rechnungen beim HORNERischen Verfahren lassen sich vorteilhaft mit der Rechenmaschine ausführen, wenn deren Stellenzahl ausreicht. Beim Einsetzen eines vorgeschriebenen Arguments können die Spalten des HORNERischen Schemas eine nach der andern ausgefüllt werden. Bei der Auflösung einer Gleichung dagegen ist dies nicht möglich, wenn man nicht auf den Vorteil, daß die im Schaltwerk eingestellten Zahlen immer nur in wenigen Stellen zu verändern sind, verzichten will. In diesem Falle braucht man daher für eine Gleichung $n$ten Grades $n - 1$ Rechenmaschinen, da immer mit je zwei Nachbarspalten gerechnet wird, beim ersten Paar aber die Hilfe der Maschine entbehrlich ist. Dabei steigen, wie leicht zu sehen, die Ansprüche an die Stellenzahl der Maschine von links nach rechts. Übrigens ist es bei einfachen Koeffizienten oft möglich, auch mit weniger Maschinen auszureichen, indem man gewisse Operationen im Kopf ausführt. Die Benutzung mehrerer Rechenmaschinen hat auch beim Einsetzen vorgeschriebener Argumente den Vorteil, daß kein Zwischenergebnis aufzuschreiben ist.

Es können nun noch zwei verschiedene Rechenweisen angewendet werden. Die eine zur Auflösung von Gleichungen von MEHMKE (**I**) eingerichtete schließt sich genau dem HORNERischen Schema, wie es im vorigen angegeben wurde, an. Die andere, für das Quadratwurzelziehen von TOEPLER (siehe REULEAUX **I**) angegebene und auf die Auflösung von Gleichungen von SCHRUTKA (**I**) übertragene, unterscheidet sich von dieser dadurch, daß die Transformationen noch zer-

§ 10. Rechnerische Behandlung von Polynomen

legt werden, indem die Ziffern des Arguments immer um eine Einheit abgeändert werden. Es würde z. B. statt des Schemas für die Berechnung von $\sqrt{7}$ das folgende eintreten:

		1	0	−7
2	1	1	1	−6
		1	2	−3 0 0
	1	1	3	−259
		1	4 0	−216
6	1	1	41	−171
		1	42	−124
	1	1	43	−75
		1	44	−24 0 0
	1	1	45	
		1	46	
	1	1	47	
		1	48	
	1	1	49	
		1	50	
	1	1	51	
		1	52 0	

usw.

Die Zwischenwerte 2, 42, 44, 46, 48, 50 brauchen nicht wirklich im Schaltwerk eingestellt zu werden.

Das erste Verfahren hat offenbar die größere Schnelligkeit für sich, namentlich wenn eine eigentliche Multiplikationsmaschine (70) zur Verfügung steht. Das zweite erfordert auf jeden Fall so viele Kurbeldrehungen, als die Ziffernsumme des Arguments beträgt, und Umstellungen des Schaltwerks nach jeder Kurbeldrehung, dagegen entfällt bei ihr jede Unsicherheit über die Ziffern der sich bildenden Wurzel, da stets so weit zu rechnen ist, daß das Absolutglied der Gleichung sein Vorzeichen nicht wechselt.

Auch bei diesen Rechenweisen können, wie in 73, durch Anwendung negativer Ziffern Vorteile erzielt werden; doch kann hier eine nähere Ausführung wohl unterbleiben.

125. Auflösung quadratischer Gleichungen nach FOURIER. Es sei noch erwähnt, daß FOURIER sein Verfahren zur Ausziehung der Quadratwurzeln (107) auf die Auflösung aller quadratischen Gleichungen übertragen hat. Denkt man sich die quadratische Gleichung auf die Form gebracht

$$x(x + p) = q,$$

§ 10. Rechnerische Behandlung von Polynomen

so handelt es sich darum, zwei Zahlen zu finden, die zur Differenz p, zum Produkt q haben. Man bestimmt daher eine Ziffer nach der andern, so daß die Differenz in den Anfangsziffern mit p übereinstimmt, und das Produkt dem Wert q möglichst nahekommt, es aber nicht überschreitet. Sobald die Differenz genau p geworden ist, sind die weiteren Ziffern für beide Faktoren gleich. Es sind daher einfache Koeffizienten p dem Verfahren besonders günstig.

Als Beispiel werde die Gleichung des Goldenen Schnitts $x^2+x-1=0$ behandelt. Man gebe ihr die Form

$$x(x+1) = 1.$$

Wie leicht zu sehen, ist $x = 0{\cdot}6\ldots$; die Rechnung ist weiter folgende:

```
          1 o o                      x = 0·61803
           96  = 6 · 16
          ─────
           4 o : 22 = 1
           22
          ─────
           18                        ┌─────
Verbesserung  1                      │ 161
          ─────                        61
          179 : 22 = 8
          176
          ─────
            3                        ┌──────
Verbesserung 16                      │ 8161
          ─────                       618
           14 : 22 = 0
            0
          ─────
           14                        ┌───────
Verbesserung 64                      │ 08161
          ─────                       6180
           76 : 22 = 3.
```

Der Divisor 22 ist $6 + 16$, die Summe der Werte von x und $x+1$ mit den bisher bestimmten Ziffern.

Wäre q negativ, so wären die hinzuzufügenden Ziffern nicht gleich; es wäre dann am besten, durch eine einfache Transformation die Wurzeln (falls sie reell sind) gleichbezeichnet zu machen. Um z. B. die Gleichung $x^2 - x + 0{\cdot}1 = 0$ zu lösen, deren Wurzeln bei 1 und bei $-0{\cdot}1$ liegen, könnte man $x + 1 = y$ setzen:

$$(y-1)^2 - (y-1) + 0{\cdot}1 = 0, \quad y^2 - 3y - 1{\cdot}9 = 0, \quad y(y-3) = 1{\cdot}9$$

und jetzt das FOURIERsche Verfahren anwenden.

Unter gewissen Voraussetzungen kann ein ähnliches Verfahren auch bei anderen Gleichungen Anwendung finden; siehe darüber FOURIER I, S. 194, deutsch S. 187.

126. Tafeln für Polynome. Tafeln für Polynome gibt es (abgesehen von den Vielfachen und Potenzen, die als Sonderfälle hierhergehören) wenige. Der Grund liegt darin, daß jeder Koeffizient einen Eingang nötig macht.

Immerhin gibt es Tafeln des Polynoms $x^3 - x$ von BARLOW I, der Polynome $x^3 \pm x$ von KULIK II.

Sie dienen zunächst zur Auflösung reduzierter kubischer Gleichungen $x^3 \pm px = q$, indem man sie durch die Substitution $x = \sqrt{p}\,z$ auf die Form $z^3 \pm z = \dfrac{q}{p\sqrt{p}}$ bringt.

Kleinere Tafeln der Polynome $x \pm x^3$, $\dfrac{1}{3}x^3 + x$, $x^2 - x^3$, $x^2 - \dfrac{1}{3}x^3$, $\dfrac{1}{2} + x - \dfrac{1}{2}x^2 - x^3$, $\dfrac{2}{5}x - x^3$, $(x + x^3)(1 - x)$, $(x^2 - x^3)(1 + x^3)$ im Anschluß an gewisse einfache geometrische Aufgaben enthält HEGER I.

Manchmal kann man Tafeln aus andern Gebieten heranziehen, so z. B. für das Polynom ax^3 die Tafel für Trägheitsmomente $\dfrac{b^3 h}{12}$.

§ 11. Logarithmen.

127. Grundeigenschaften der Logarithmen. Unter dem Logarithmus der Zahl x zur Basis (Grundzahl) a versteht man bekanntlich den Exponenten ξ, für den

$$a^\xi = x$$

ist; man schreibt

$$\xi = \log_a x \quad \text{(auch } {}^a\!\log x \text{ und ähnlich).}$$

Die Zahl x nennt man in Beziehung auf den Logarithmus den Numerus (auch wohl den Antilogarithmus, vgl. 133) und schreibt zuweilen

$$x = \text{numlog}\,\xi \quad \text{(auch num } \xi\text{);}$$

in praktischen Rechnungen findet sich auch häufig die Bezeichnung $[\xi]$, falls ξ numerisch gegeben ist.

Beide Bezeichnungen sagen nichts anderes aus, als a^ξ und haben nur den Vorteil, daß sie auf der Zeile verbleiben, die Einschließung in eckige Klammern überdies den der Kürze.

Aus den Rechenregeln für Potenzen folgen sofort die Grundeigenschaften der Logarithmen

$$\log_a a = 1,$$
$$\log_a 1 = 0;$$

ferner
$$\log_a xy = \log_a x + \log_a y,$$
$$\log_a \frac{x}{y} = \log_a x - \log_a y,$$
(insbesondere $\log_a \frac{1}{y} = -\log_a y$),
$$\log_a x^k = k \log_a x,$$
$$\log_a \sqrt[k]{x} = \frac{1}{k} \log_a x;$$

endlich
(*) $$\log_a c = \log_a b \cdot \log_b c,$$
insbesondere
(**) $$\log_a b = \frac{1}{\log_b a}.$$

Für das Zahlenrechnen hat namentlich die zweite Formelgruppe ihre Bedeutung; sie lehrt, daß der Übergang zu den Logarithmen eine Herabsetzung der Stufenzahl aller Operationen zur Folge hat: Multiplikationen werden in Additionen, Divisionen in Subtraktionen, Potenzierungen in Multiplikationen, Wurzelausziehungen in Divisionen verwandelt. Da hiermit eine Erleichterung für die Rechnung eintritt, so erklärt sich der große Wert der Logarithmen für das Zahlenrechnen.

Bei der Berechnung von Aggregaten von Logarithmen kommen die Betrachtungen in **43** und **44** zur Anwendung (vgl. auch **129**).

128. Logarithmensysteme. Die Logarithmen aller Zahlen zur selben Basis bilden ein Logarithmensystem.

Jede positive Zahl (außer 1) kann als Basis eines Logarithmensystems genommen werden. Es sind aber nur zwei Logarithmensysteme tatsächlich in Gebrauch gekommen, erstens das der Briggischen (gewöhnlichen, gemeinen, vulgären, dekadischen, künstlichen) Logarithmen mit der Basis 10, zweitens das der natürlichen (NEPERschen, hyperbolischen) Logarithmen mit der Basis $e = 2{,}718281828459\ldots$.

Die Wahl der Basis 10 liegt sehr nahe und gewährt auch mannigfache Vorteile (siehe besonderes **129**); es finden darum beim Zahlenrechnen so gut wie nur die Briggischen Logarithmen Anwendung. Aus diesem Grunde pflegt man auch die Basis bei ihnen gar nicht anzugeben und einfach $\log x$ zu schreiben. Andere Bezeichnungen sind log vulg x, log brigg x, L x, Log x. Die natürlichen Logarithmen hingegen werden, weil sie besonders einfache Differentiationsregeln aufweisen, in der höheren Mathematik fast ausschließlich gebraucht; als Zeichen dient lx, log nat x, ln x, log hyp x, lg x, auch wohl log x.

Nach (*) in **127** sind die Logarithmen verschiedener Systeme proportional; der Umrechnungsfaktor heißt der **Modul** des einen Systems in bezug auf das andere. Insbesondere ist der Modul des Briggischen Systems in bezug auf das natürliche

$$\log e = \frac{1}{l\,10} = 0{\cdot}4342944819,$$

der des natürlichen in bezug auf das Briggische

$$l\,10 = \frac{1}{\log e} = 2{\cdot}3025850930.$$

Zur Erleichterung der Umwandlung finden sich in den meisten Logarithmentafeln Vielfachentafeln (vgl. **52, 54**) dieser beiden Umrechnungsfaktoren bis zum neunfachen, oder bis zum neunundneunzigfachen, oft auf mehr Stellen als die Tafel sonst aufweist.

Im folgenden kommen nur Briggische Logarithmen vor (ausgenommen in **140**) und es wird daher kurz von Logarithmen gesprochen werden.

129. Kennziffer und Mantisse. Die ganze Zahl eines Logarithmus wird seine **Kennziffer** (strenggenommen richtiger: Kennzahl) oder **Charakteristik**, der angehängte Dezimalbruch nach J. WALLIS seine **Mantisse** genannt.

K. Fr. GAUSS verwendet das Wort Mantisse auch für die Ziffern eines beliebigen Dezimalbruchs.

Über den Punkt als Dezimalzeichen bei Logarithmen vgl. **17**.

Die Gleichung $\quad\log 10^n x = n + \log x$

lehrt, daß die Logarithmen von Zahlen, die dieselbe Ziffernfolge haben (**19**), sich nur in der Kennziffer unterscheiden, während die Mantissen übereinstimmen. Denkt man sich ferner x zwischen 1 und 10 gelegen, so ergibt sich, daß die Kennziffer gleich dem dekadischen Rang (**19**) der ersten Ziffer des Numerus ist.

Die Logarithmen echter Brüche sind negative Zahlen; für sie gilt das Gesagte nur dann, wenn man sie mit positiver Mantisse schreibt und alles Negative auf die Kennziffer wirft. Hierzu verringert man die Kennziffer um 1 und ersetzt die Mantisse durch ihre dekadische Ergänzung (**22**). So hat man z. B.

$$\log 0{\cdot}5 = \log \tfrac{1}{2} = -\log 2 = -0{\cdot}30103 = -1 + 0{\cdot}69897.$$

Gewöhnlich fügt man die negative Kennziffer hinten an:

$$0{\cdot}69897 - 1;$$

auch die Schreibweise $\overline{1}{\cdot}69897$ kommt vor.

Sehr häufig geht man auch in der dekadischen Ergänzung noch um eine Stelle weiter nach links (**22**), im angeführten Beispiel: 9·69897 — 10. Das Verfahren empfiehlt sich sehr, wenn man es nur mit Zahlen eines mäßigen Zahlenbereichs, etwa von 0·0001 bis 10 000, zu tun hat, weil dann nur die Kennziffern 6—10, 7—10, ... bis 4 vorkommen, so daß die vor dem Dezimalpunkt stehenden Kennziffern zur Unterscheidung aller Fälle genügen. Man pflegt dann den Beisatz — 10 auch ganz wegzulassen.

Für die dekadische Ergänzung eines Logarithmus kommt auch der Name **Kologarithmus** vor. Als Zeichen dienen E log, C log, cpl. log und colog; sie werden aber selten angewendet.

Unter Umständen ist es zweckmäßig, die negativen Kennziffern auch noch anders umzuformen; ist z. B. von log 0·5 = 0·69897 — 1 der dritte Teil zu bestimmen, so wird man die Form 2·69897 — 3 vorziehen und dgl.

130. Logarithmen negativer Zahlen. Die Logarithmen negativer Zahlen haben für eine positive Grundzahl keine reellen Werte; man pflegt aber bei logarithmischen Rechnungen überhaupt von den Vorzeichen der Numeri abzusehen. Nur zuweilen wird nach dem Vorgang von K. Fr. GAUSS durch ein angehängtes Zeichen daran erinnert, daß der Logarithmus zu einer negativen Zahl gehört; man findet so

$$\log(-2) = 0\text{·}30103 \text{ neg}, \ 0\text{·}30103 \, n, \ 0\text{·}30103 \, (n),$$
$$0\text{·}30103_n, \ 0^n\text{·}30103.$$

Die genauere Untersuchung der Logarithmen negativer Zahlen gehört in die höhere Mathematik und hat für das Zahlenrechnen keine Bedeutung; es ergibt sich, daß der Beisatz neg wie ein Summand $\log e \cdot \pi i$ zu behandeln wäre. Vgl. etwa hierüber SERRET-SCHEFFERS Lehrbuch der Differential- und Integralrechnung, Leipzig und Berlin, I. Band, Nr. 376; KIEPERT, Differentialrechnung, Hannover, viele Auflagen, § 110; SCHRUTKA, Elemente der höheren Mathematik, 1. Aufl., Wien und Leipzig 1912, Nr. 338, 2. Aufl., ebenda 1920, Nr. 380.

131. Logarithmentafeln. Um die Vorteile, die die Verwendung der Logarithmen bietet, praktisch ausnützen zu können, ist es notwendig, zu jedem Numerus den Logarithmus mit der erforderlichen Genauigkeit bequem bestimmen zu können und umgekehrt. Hierzu dienen die Logarithmentafeln, tabellarische Darstellung der Abhängigkeit zwischen Numerus und Logarithmus. Schon die Erfinder der Logarithmen: BRIGGS, NEPER, BÜRGI haben die Konstruktion logarithmischer Tafeln in Angriff genommen. Die ältesten Tafeln brachten sehr viele Dezimalstellen; in neuerer Zeit ist man hiervon abgegangen und strebt an, für jeden Bedarf die eben notwendige Genauigkeit zur Verfügung zu haben. Die Anzahl der Logarithmentafeln ist bereits sehr groß, schon 1875 zählt D. BIERENS DE HAAN

(Tweede ontwerp eener naamlijst van Logarithmentafels, Verhandl. d. Akad. Amsterdam 15, Seite 1) deren 553 auf. Es können daher nur einige der gebräuchlichsten oder sonst besonders bemerkenswerten angeführt werden (siehe Quellenkunde).

Es sei noch angeführt, daß nach ENCKE sich die Zeiten für dieselbe Rechnung, ausgeführt mit fünf-, sechs- und siebenstelligen Logarithmen ungefähr wie $1:2:3$ verhalten.

132. Einrichtung der Logarithmentafeln. Nach der Bemerkung in **129**, daß die Mantisse eines Logarithmus nur von der Ziffernfolge des Numerus abhängt, muß eine Logarithmentafel alle Ziffernfolgen, die, als Zahlen betrachtet, nicht über ein gewisses Maß hinausreichen, als Numeri enthalten. Hierzu eignen sich am besten alle Zahlen eines Spielraums, der von zwei im Verhältnis $1:10$ stehenden Zahlen begrenzt wird. Meistens (aber nicht immer, siehe BAUSCHINGER-PETERS I) werden hierfür zwei benachbarte Potenzen von 10 gewählt. — Übrigens gehen viele Tafeln nach unten und nach oben über diesen Spielraum hinaus, manchmal mit vermehrter Anzahl der Dezimalstellen.

Die Kennziffer ist in den neueren Logarithmentafeln meist nicht angegeben, da sie ohne weiteres im Kopf bestimmt werden kann (**129**).

Die meisten der jetzt gebräuchlichen Tafeln sind fünfstellig: so ADLER I, BECKER I, BREMIKER III, GAUSS I, GERNERTH I, GREVE I, II, HEGER I, HOÜEL I, LALANDE I, LIGOWSKI II, SCHLÖMILCH I, SCHUBERT I, WITTSTEIN II. Sie enthalten alle die Mantissen der Logarithmen der Numeri von 1000 bis 9999, manche greifen auch darüber hinaus, insbesondere reicht HOÜEL I bis 10800, LIGOWSKI II bis 14499.

Vierstellige Tafeln sind in den letzten Jahren für den Unterricht herausgegeben worden, so LÖTZBEYER I, SCHÜLKE I, die den Spielraum 100—999 umfassen, SCHUBERT II und SCHULTZ I mit dem Spielraum 1000—9999, daher kleineren Differenzen; ferner dienen solche für gewisse weniger genaue Rechnungen der Praxis, so die Tafeln: „Hütte" I, die von 110 bis 1109 reichen und LIGOWSKI I mit dem Spielraum bis 999.

Dreistellige Tafeln kommen wohl nur für ganz flüchtige Überschlagsrechnungen, wobei aber der Rechenschieber (**145**) weitaus vorzuziehen ist, und für die erste Einführung im Unterricht in Betracht; man findet solche neben vier- oder fünfstelligen Tafeln bei HOÜEL II mit dem Spielraum 1—100, bei LALANDE I mit dem Spielraum 10—99, bei SCHÜLKE I mit dem Spielraum 10—140, bei WITTSTEIN II mit dem Spielraum 100—999.

Vor dem Aufkommen der fünfstelligen waren sechsstellige Tafeln sehr verbreitet, und auch heute noch sind sie für bestimmte

Rechnungen der Vermessungskunde und der Astronomie die geeignetsten. Die sehr beliebte Tafel von BREMIKER I und II hat den Spielraum bis 100009, die von STAMPFER-DOLEŽAL I den Spielraum von 1000 bis 9999.

Siebenstellige Logarithmentafeln waren lange Zeit die einzigen üblichen, und sind auch noch jetzt stark im Gebrauch, namentlich in der Astronomie, wo sich allerdings in der letzten Zeit auch ein Bedürfnis nach achtstelligen Tafeln gezeigt hat. Hierher gehören: BRUHNS I, CALLET I, KÖHLER I, SCHRÖN I, VEGA II, III, VEGA-HÜLSSE I. Diese Tafeln umfassen alle den Spielraum 10000—99999, viele gehen noch darüber hinaus.

CALLET I, KÖHLER I, SCHRÖN I, VEGA II, III, VEGA-HÜLSSE I wählen 107999 als obere Schranke, weil $108000'' = 3°$ ist (vgl. 152). Hierbei geben alle bis auf CALLET I die Logarithmen der Zahlen von 100000 bis 107999 mit 8 Dezimalstellen an.

Von achtstelligen Logarithmentafeln sei die neueste, vorzüglich eingerichtete, von BAUSCHINGER-PETERS I mit dem Spielraum von 20000 bis 200000 genannt.

Neunstellige Tafeln kommen keine vor, von zehnstelligen hat man die noch immer sehr wertvollen von VLACQ I aus dem Jahre 1628, mit dem Spielraum bis 100000 und VEGA I (Thesaurus) mit dem Spielraum von 10000 bis 100009.

133. Tafeln der Antilogarithmen. Manchmal finden sich auch eigene Tafeln der Antilogarithmen (127), mit anderen Worten, Tafeln der Werte 10^x, so bei SCHUBERT I und SCHUBERT II und ganz kurze bei HOÜEL I, LALANDE I und WITTSTEIN II. Die Tafeln der Antilogarithmen haben den Vorteil, daß, um etwa fünfstellige Tafeln als Beispiel zu nehmen, nicht wie bei den Logarithmen ein Intervall von 100000 fünfstelligen Logarithmen auf 9000 vierstellige Numeri, sondern umgekehrt 90000 fünfstellige Numeri auf 10000 vierstellige Logarithmen kommen, demnach die Unterschiede der Tafelzahlen, im Durchschnitt genommen, nur $\frac{81}{100}$ der bei den Logarithmen sind. Doch sind die Tafeln der Antilogarithmen entbehrlich, da sie nichts anderes leisten als die Logarithmentafeln selbst; da sie außerdem ebensoviel (oder nach dem eben gemachten Überschlag genauer etwas mehr) Raum einnehmen als diese, so haben sie nie rechten Anklang gefunden.

134. Interpolation. Um die Logarithmen für Ziffernfolgen zu erhalten, die nicht in der Tafel vorkommen, bedient man sich der sogenannten Interpolation. Übrigens ist die Interpolation bei jeder Tafel anwendbar, sie soll aber hier als bei ihrem häufigsten Vorkommen besprochen werden.

§ 11. Logarithmen

Wenn die Werte einer Funktion $f(x)$, hier des Logarithmus $\log x$, sich nahezu proportional dem Zuwachs des Arguments x ändern (geometrisch gesprochen, wenn sich das Bild der Funktion $f(x)$, die Kurve $y = f(x)$ nicht merklich von einer Geraden unterscheidet), so kann man die Zwischenwerte finden, indem man diese Proportionalität zugrunde legt. Sind etwa a und b zwei benachbarte Argumente der Tafel, x ein dazwischen gelegenes Argument, so hat man $f(x)$ aus der näherungsweise gültigen Gleichung

$$\frac{f(x)-f(a)}{f(b)-f(a)} = \frac{x-a}{b-a}$$

zu bestimmen:

$$f(x) = f(a) + \frac{x-a}{b-a} \cdot [f(b)-f(a)];$$

$f(b)$ ist die sogenannte **Tafeldifferenz**. Dieser Vorgang heißt **lineare Interpolation**.

Zur Durchführung dieser Rechnungen ist der Rechenschieber (145) vortrefflich geeignet.

Bequem ist es, wenn in den Tafeln die Differenzen entweder sämtlich, oder falls sie nicht stark wechseln, von Zeit zu Zeit angegeben sind. Jedenfalls sollten Differenzen angegeben sein, bei deren Berechnung man von einer Seite des Tafelwerkes auf die andere übergehen müßte.

Ob die lineare Interpolation zulässig ist, lehrt der Anblick der Tafel; es müssen die Tafeldifferenzen in der Nähe der betreffenden Stelle konstant bleiben. Hierbei kommt es übrigens auf eine Einheit der letzten Stelle nicht an, da die Abrundung der Tafelwerte solche Schwankungen erzeugt.

So z. B. beobachtet man in einer fünfstelligen Tafel, daß die Differenzen der Logarithmen der Zahlen von 5710 bis 5720 die Werte 7, 8, 7, 8, 8, 7, 8, 7, 8, 8 haben; man findet daher den Logarithmus von 57147, indem man zum Logarithmus von 5714 noch $\frac{7}{10}$ der Tafeldifferenz 8 hinzufügt:

$$75694 + 6 = 75700.$$

Ändern sich die Tafeldifferenzen schnell, so ist die lineare Interpolation nicht genau genug. In diesem Fall kann man das Ergebnis verbessern, indem man noch auf das nächste Argument c Rücksicht nimmt. Man fügt ein Glied hinzu, das an den Stellen a, b nichts ändert; ein solches hat die Form

$$K(x-a)(x-b).$$

§ 11. Logarithmen

K bestimmt sich aus der Forderung, daß

$$f(a) + \frac{c-a}{c-b}[f(b) - f(a)] + K(c-a)(c-b) = f(c)$$

sein soll; eine einfache Rechnung liefert

$$K = \frac{\dfrac{f(c) - f(a)}{c-a} - \dfrac{f(b) - f(a)}{b-a}}{c-b}.$$

Die Formel vereinfacht sich sehr für den Fall, daß die Argumente eine arithmetische Progression bilden, wie es beim praktischen Rechnen fast stets der Fall ist. Ist die Differenz dieser Progression h, so hat man

$$b - a = h, \quad c - b = h, \quad c - a = 2h$$

und
$$K = \frac{f(c) - 2f(b) + f(a)}{2h^2};$$

die Formel für die Interpolation ist daher

(*) $$f(x) = f(a) + \frac{x-a}{b-a}[f(b) - f(a)] +$$
$$+ \frac{(x-a)(x-b)}{2(b-a)^2}[f(c) - 2f(b) + f(a)].$$

In der Regel kann $h = 1$ genommen werden, indem man allenfalls das Argument in Einheiten der letzten Stelle zählt.

Nun ist

$$f(c) - 2f(b) + f(a) = [f(c) - f(b)] - [f(b) - f(a)],$$

der Differenz zweier aufeinanderfolgenden Tafeldifferenzen oder, wie man sagt, die zweite Differenz der Funktion f. Man hat also noch die mit $\dfrac{(x-a)(x-b)}{2(b-a)^2}$ multiplizierte zweite Differenz beizufügen. Dieser Vorgang wird quadratische Interpolation oder Interpolation zweiter Ordnung genannt, weil x in der Formel im zweiten Grade vorkommt. Sie ist anwendbar, wenn sich die zweiten Differenzen langsam ändern.

Ist dies nicht der Fall, so kann man zu einer Interpolation dritter und höherer Ordnung aufsteigen, doch soll hier darauf nicht näher eingegangen werden.

Ausführliches über Interpolation enthalten die Werke über Differenzenrechnung, etwa A. A. Markoff, Differenzenrechnung, Leipzig 1896; D. Seliwanoff, Differenzenrechnung, Leipzig 1904; G. Boole, A Treatise on the Calculus of Finite Differences, London 1880, deutsch von C. H. Schnuse, Braunschweig 1867; T. N. Thiele, Interpolationsrechnung, Leipzig 1909.

135. Umgekehrte Interpolation. Soll zu einem nicht in der Tafel enthaltenen Funktionswerte das Argument bestimmt werden, so sind die in 134 angeführten Rechnungen in umgekehrtem Sinne durchzuführen, indem x als Unbekannte angesehen wird.

Im Fall der linearen Interpolation hat man

$$x = a + \frac{f(x) - f(a)}{f(b) - f(a)}(b - a);$$

der Rechenvorgang unterscheidet sich also dem Gedanken nach nicht von dem bei der direkten Interpolation.

Im Falle der Interpolation wäre x aus einer quadratischen Gleichung zu bestimmen. Ist aber, wie es oft zutrifft, die zweite Differenz klein, so kann man in der Gleichung (*) in 134 das dritte Glied auf der rechten Seite zunächst weglassen und aus der übrigbleibenden Gleichung, d. h. also durch lineare Interpolation einen Näherungswert von x bestimmen. Dieser Näherungswert liefert genau genug den Wert des dritten Gliedes und aus der so erhaltenen linearen Gleichung erhält man endlich den Wert von x mit genügender Genauigkeit.

Um z. B. aus einer zehnstelligen Tafel den Numerus zu 0005413603 zu finden, entnehme man zunächst die Logarithmen

		Differenzen	zweite Differenz
log 10012 =	0005208409	433753	
log 10013 =	5642162		— 44.
log 10014 =	6075871	433709	

Der gegebene Logarithmus ist um 205194 größer als log 10012; hieraus ergibt sich, daß die nächsten Ziffern 47 sind. Man hat daher folgende Gleichung:

$$5\,413\,603 = 5\,642\,162 + (x - 10012)\,433\,753 + \frac{1}{2} \cdot 0{\cdot}47 \cdot 0{\cdot}53 \cdot 44,$$

$$205\,194 = (x - 10012)\,433\,753 + 5{\cdot}5,$$

$$205\,188{\cdot}5 = (x - 10012)\,433\,753,$$

woraus für $x - 10012$ der Wert $0{\cdot}473054$ folgt; der gesuchte Numerus ist also 10012 473054.

136. Interpolationstafeln. Die Interpolation kann durch Tafeln erleichtert werden.

Für die lineare Interpolation bedarf man Tafeln, die zu $\frac{x-a}{b-a}$ und der Differenz $f(b) - f(a)$ den Betrag der Interpolation liefern. Es handelt sich also um Produkttafeln; jede solche (57) kann hier verwendet werden. Sehr häufig werden den Zahlentafeln kleine

Produkttafeln, genauer Vielfachentafeln der Differenzen, die auf der betreffenden Seite vorkommen, sogenannte **Proportionaltäfelchen**, **Tafeln der Proportionalteile** (oft mit P. P. = *partes proportionales* überschrieben) beigegeben. Sie sind nach der in **52** gegebenen Anweisung zu verwenden.

In manchen Tafeln sind die Tafeln der Proportionalteile zu einer Tafel vereinigt, so bei SCHÜLKE I, die sich dann nicht von einer Vielfachentafel unterscheidet. Bei ADLER I ist diese Tafel zum Herausklappen eingerichtet, bei SCHRÖN I in einem eigenen Heft untergebracht.

Ausnahmsweise finden sich auch bei kleinen Tafeldifferenzen statt der Tafeln der Proportionalteile Tafeln der Argumentdifferenzen, die den Funktionsdifferenzen, die kleiner sind als die Tafeldifferenz, entsprechen; es sind dies, wenn die Argumentdifferenz gleich 1 angenommen wird und die Tafeldifferenz d beträgt, für

$$1, \quad 2, \quad 3, \quad \ldots, \quad d-2, \quad d-1$$

die Intervalle mit den Teilungspunkten

$$\frac{1}{2d}, \frac{3}{2d}, \frac{5}{2d}, \frac{7}{2d}, \ldots, \frac{2d-5}{2d}, \frac{2d-3}{2d}, \frac{2d-1}{2d}.$$

Derlei Tafeln enthält z. B. VEGA-HÜLSSE I S. 678—680.

Für die quadratische Interpolation sind eigene Tafeln notwendig. Wird $\frac{x-a}{b-a} = \xi$ gesetzt, so ist $\frac{x-b}{b-a} = \xi - 1$ und man bedarf also zu jedem ξ und jeder zweiten Differenz des Produktes aus $\frac{\xi(\xi-1)}{2}$ und dieser Differenz. Da ξ zwischen 0 und 1 liegt, so ist $\xi - 1$ negativ und man pflegt statt $\frac{\xi(\xi-1)}{2}$ vielmehr $\frac{\xi(1-\xi)}{2}$ zu nehmen. Derlei Tafeln enthalten VEGA I, LEBER I, ferner VEGA-HÜLSSE I und KÖHLER I (diese beiden auch für höhere Interpolation).

137. Anordnung logarithmischer Rechnungen. Das Eigentümliche logarithmischer Rechnungen liegt darin, daß entweder durchlaufend oder wenigstens streckenweise die Operationen an den Logarithmen vorgenommen werden. Hieraus ergibt sich, daß solche Rechnungen am übersichtlichsten so angeordnet werden, daß nebeneinander (am besten in zwei Spalten) die Numeri und die Logarithmen geführt werden.

BAUR und nach ihm HAMMER II, S. 63 und Anmerkung [11]) schlagen vor, stets die Numeri links, die Logarithmen rechts zu schreiben und beide Spalten durch einen senkrechten Strich zu trennen; wird dies konsequent durchgeführt, so kann das Zeichen log ganz wegbleiben. BAUR und HAMMER bezeichnen dabei die Numeri nur durch Buchstaben und verlegen die Angaben der Zahlenwerte für die Buchstaben in eine weitere Spalte.

Als Beispiel einer solchen Anordnung diene die Berechnung von $c = \sqrt{a^2 - b^2} = \sqrt{(a+b)(a-b)}$ für $a = 16{,}509$, $b = 10{,}019$:

$a = 16{,}509$	$a + b$	1·42371
$b = 10{,}019$	$a - b$	0·81224
$a + b = 26{,}528$	c^2	2·23595
$a - b = 6{,}490$	c	1·11797
$c = 13{,}121$		

Es ist empfohlen worden, in allen Fällen die Charakteristik vor der Mantisse zu bestimmen und anzuschreiben.

In astronomischen Rechnungen, wo die Logarithmen in überwiegender Mehrzahl vorkommen, werden wohl auch die Logarithmen ohne Bezeichnung gelassen und dafür die Numeri mit einem Zeichen (127) versehen.

138. Gemischte Rechenmethoden. Die Rechnung mit Logarithmen ist in der Genauigkeit durch die Stellenzahl der Tafel beschränkt. Man kann aber auch bei genauen Rechnungen die Logarithmen verwerten, indem man, wenn etwa die letzten Stellen eines Produktes durch die logarithmische Rechnung nicht mehr geliefert werden, die fehlenden Ziffern oder des Anschlusses wegen zweckmäßigerweise noch eine mehr nach der symmetrischen Multiplikation (59) bestimmt. Auch bei Divisionen kann dieser Gedanke verwertet werden, man multipliziert den Divisor mit dem Quotienten auf diese Weise und findet durch Subtraktion den Rest.

Es sei z. B. Quotient und Rest bei der Division von 3 902 181 durch 4267 genau zu bestimmen. Logarithmische Rechnung ergibt:

$$\log 3\,902\,181 = 6{,}59131$$
$$\log 4267 = 3{,}63012$$
$$\log \tfrac{390218}{4267} = 2{,}96119,$$

der Quotient ist also 914·52. Nimmt man 914, so ist dessen Logarithmus 2·96095, also um 0·00024 kleiner; hieraus folgt für den Logarithmus von 914·4267 der Wert 6·59131 − 0·00024 = 6·59107; der Numerus hierzu ist 3900200. Man bestimmt daher die letzten vier Stellen durch symmetrische Multiplikation:

$$914 \cdot 4267 = \cdots 0038.$$

Also ist $914 \cdot 4267 = 3\,900\,038$, daher der Divisionsrest 2143.

Um bei Multiplikationen vielstelliger Zahlen genaue Ergebnisse mit Logarithmen zu erzielen, kann man auch die in **58** gezeigte Zerlegung anwenden. Die Stellenzahl der Bestandteile ist so zu wählen, daß die Teilprodukte genau erhalten werden. Natürlich hindert auch nichts, die im vorigen beschriebene Ergänzung durch symmetrische Multiplikation anzuwenden.

139. Vielstellige Logarithmen. Um Rechnungen mit vielstelligen Zahlen logarithmisch durchzuführen, braucht man auch vielstellige Logarithmen. Von diesen kann man Tafeln in derselben Art wie die sonst üblichen nicht herstellen, weil sie zu viele Argumente enthalten müßten, also zu umfangreich würden; beschränkt man sich auf weniger Argumente, so würde man zu Interpolationen höherer Ordnung (**134**) genötigt sein.

Es wird daher der Gedanke verwertet, die Numeri aus geeigneten Faktoren aufzubauen, deren Logarithmen angegeben werden. In der Regel werden die Zahlen

$$1, 2, 3, \ldots, 9; \ 1{\cdot}1, 1{\cdot}2, \ldots, 1{\cdot}9; \ 1{\cdot}01, 1{\cdot}02, \ldots, 1{\cdot}09;$$
$$1{\cdot}001, 1{\cdot}002, \ldots, 1{\cdot}009; \ldots$$

gewählt, oder auch umgekehrt die Antilogarithmen zu den Zahlen

$$0{\cdot}1, 0{\cdot}2, \ldots, 0{\cdot}9; \ 0{\cdot}01, 0{\cdot}02, \ldots, 0{\cdot}09; \ 0{\cdot}001, 0{\cdot}002, \ldots, 0{\cdot}009; \ldots$$

angegeben. Auch die Logarithmen der Primzahlen finden sich zusammengestellt.

Tafeln dieser Art enthalten CALLET I (15- und 61stellig), GERNERTH I (15stellig), GREVE I, II (9- und 12stellig), HOÜEL I (20stellig), KÖHLER I (11stellig), LALANDE I (12stellig), LIGOWSKI II (10stellig), SCHRÖN I (16stellig), abgesehen von solchen mit geringerer Stellenzahl zu Unterrichtszwecken.

Oft finden sich auch die Logarithmen der Zinsfaktoren $1 + \frac{p}{100}$ auf viele Stellen, um die Lösung von Zinsaufgaben für lange Zeiträume zu ermöglichen.

Für den praktischen Rechner haben alle diese vielstelligen Tafeln wenig Bedeutung.

Über eine besondere Art, vielstellige Tafeln einzurichten, sehe man **144**.

140. Tafeln der natürlichen Logarithmen. Wie schon in **127** erwähnt, kommen die natürlichen Logarithmen als Rechenhilfsmittel kaum in Betracht — es wäre denn etwa, daß man eine Proberechnung mit ihnen ausführen wollte, um ein mit gemeinen Logarithmen erhaltenes Ergebnis zu prüfen —, vielmehr bedarf man meist, z. B. bei der Auswertung von Integralen, nur einzelner Werte.

§ 11. Logarithmen

Es sind demnach die Tafeln der natürlichen Logarithmen selten und wenig umfangreich.

Man findet die vierstelligen Werte bis 1000 bei LIGOWSKI I, die fünfstelligen Werte bis 1000 in „Hütte" I, GAUSS I, LIGOWSKI II, WEISKIRCHER I und WITTSTEIN II, die achtstelligen Werte bis 1000 und der Primzahlen bis 10000 in VEGA-HÜLSSE I und KÖHLER II. Eine selbständige siebenstellige Tafel ist DASE I. Die natürlichen Antilogarithmen, d. h. die Potenzen e^x auf sieben Ziffern enthalten VEGA-HÜLSSE I und KÖHLER I.

Einen gewissen Vorteil haben die natürlichen Logarithmen bei der Berechnung vielstelliger Logarithmen, weil für kleine Werte von ε $l(1 + \varepsilon) \doteq \varepsilon$ ist. Hilfstafeln für solche Berechnungen enthalten CALLET I (20- und 48 stellig), LALANDE I (12 stellig), SCHRÖN I (16 stellig). VEGA I enthält die von WOLFRAM berechnete Tafel der natürlichen Logarithmen aller Zahlen bis 2200 und aller Primzahlen bis 10009 auf 48 Dezimalstellen, W. THIELE I hat diese Tafel ergänzt und gibt die natürlichen Logarithmen aller Zahlen bis 5000, dann der Primzahlen bis 10000 und endlich aller Zahlen von 10000 bis 10014.

141. Doppellogarithmen. Durch Logarithmieren werden Potenzierungen in Multiplikationen verwandelt (127); ist nun der Exponent keine einfache Zahl, so liegt es nahe, durch abermaligen Übergang zu den Logarithmen diese Multiplikation in eine Addition zu verwandeln. Man kommt also von $x^k = y$ zu

$$\log \log x + \log k = \log \log y.$$

Hierbei ist es zulässig, beidemal verschiedene Grundzahlen zu nehmen:

$$\log_b \log_a x + \log_b k = \log_b \log_a y.$$

Die Rechnung kann nach dem Gesagten mit den gewöhnlichen logarithmischen Tafeln ausgeführt werden; sie würde erleichtert, wenn die Doppellogarithmen, Dilogarithmen (auch quadratische Logarithmen genannt; der richtige Name wäre iterierte Logarithmen) tabuliert würden. Bisher liegt nur ein Entwurf solcher Zahlen vor: PRAMPERO I. Es sind darin die Werte von $\log_2 \log_{10} x$ für alle Werte von k zwischen 10 und 100 von Zehntel zu Zehntel fortschreitend enthalten.

Die Bedeutung solcher Tafeln für das praktische Rechnen ist wohl ziemlich gering.

142. Additionslogarithmen. So nützlich die Logarithmen bei der Ausführung von Operationen zweiter Stufe sind, so hinderlich sind sie, wenn Operationen erster und zweiter Stufe gemischt vorkommen. Um $\log (a + b)$ zu bestimmen, wenn $\log a$ und $\log b$ bekannt, ist ein dreimaliges Eingehen in die Logarithmentafel erforderlich; dasselbe gilt für log $(a - b)$

Es läßt sich aber nach einem Gedanken Z. LEONELLIS in diesem Fall das Zurückgehen auf die Numeri vermeiden, wenn man Tafeln der **Additionslogarithmen**, genauer **Additions- und Subtraktionslogarithmen** zur Verfügung hat.

Häufig wird auch der Name GAUSSische Logarithmen gebraucht, der aber nicht zutreffend ist, insofern K. Fr. GAUSS nur der erste war, der, LEONELLIS Gedanken folgend, Tafeln dieser Art herausgegeben hat.

Der gemeinsame Grundgedanke, der den verschiedenen Abarten der Additionslogarithmen zugrunde liegt, ist der folgende. Die Aufgabe besteht darin, aus zweien der Größen log a, log b, log c die dritte zu finden, wobei zwischen a, b und c die Beziehung $a + b = c$ besteht. Da die Logarithmen der Quotienten von zweien der Größen a, b, c durch Subtraktion sofort gefunden worden, so kann man zur Vereinfachung durch eine der Größen a, b, c dividieren

$$1 + \frac{b}{a} = \frac{c}{a}, \ \frac{a}{b} + 1 = \frac{c}{b}, \ \frac{a}{c} + \frac{b}{c} = 1.$$

Die ersten beiden Formen sind nicht wesentlich verschieden, so daß also die beiden Beziehungen

$$1 + u = v \quad \text{und} \quad u + v = 1$$

oder, wenn log $u = x$, log $v = y$ gesetzt wird,

$$1 + 10^x = 10^y, \ 10^x + 10^y = 1$$

in Betracht kommen. Stellt man die Beziehung explizit dar, so hat man im ersten Fall

$$y = \log(1 + 10^x) \text{ und als Umkehrung } x = \log(10^y - 1),$$

im zweiten

$$y = \log(1 - 10^x), \ x = \log(1 - 10^y);$$

hier fällt also die Funktion mit ihrer Umkehrung zusammen. Wird also die erste Funktion tabuliert, so hat man ein Hilfsmittel für die Addition oder für die Subtraktion, je nachdem von x oder von y ausgegangen wird; die zweite dagegen eignet sich nur für die Subtraktion; die erste ist also die wertvollere, weil sie für sich allein ausreicht.

Der Übergang zu x und y ist auch vorteilhaft, wenn man nur gewöhnliche Logarithmen zur Verfügung hat, weil man so immerhin statt dreimal nur zweimal in die Logarithmentafel einzugehen hat.

Statt der eben betrachteten Funktionen werden häufig auch diejenigen angewendet die daraus durch Vorzeichenwechsel bei x oder y entstehen, also im ersten Fall

$$y = \log(1 + 10^{-x}) = \log\frac{10^x + 1}{10^x},\ y = -\log(1 + 10^x) =$$
$$= \log\frac{1}{1 + 10^x} \quad \text{und} \quad y = -\log(1 + 10^{-x}) = \log\frac{10^x}{10^x + 1}$$

mit den Umkehrungen

$$x = -\log(10^y - 1) = \log\frac{1}{10^y - 1},\ x = \log(10^{-y} - 1) =$$
$$= \log\frac{1 - 10^y}{10^y} \quad \text{und} \quad x = -\log(10^{-y} - 1) = \log\frac{10^y}{1 - 10^y},$$

im zweiten

$$y = \log(1 - 10^{-x}) = \log\frac{10^x - 1}{10^x},\ y = -\log(1 - 10^x) =$$
$$= \log\frac{1}{1 - 10^x} \quad \text{und} \quad y = -\log(1 - 10^{-x}) = \log\frac{10^x}{10^x - 1}$$

mit den Umkehrungen

$$x = -\log(1 - 10^y),\ x = \log(1 - 10^{-y}),\ x = -\log(1 - 10^{-y}),$$

denselben Funktionen, aber in anderer Reihenfolge. Ein solcher Vorzeichenwechsel entspricht der Vertauschung von Zähler und Nenner in u oder v.

143. Tafeln der Additionslogarithmen. Die ältesten Tafeln der Additionslogarithmen, die von K. Fr. GAUSS, enthalten in einer Tafel zusammen die Funktionen $\log(1 + 10^{-x})$ und $\log(1 + 10^x) = x + \log(1 + 10^{-x})$ auf fünf Stellen.

Die Tafel hat also drei Spalten und stellt demnach eigentlich drei Paare von inversen Funktionen dar:

$$y = \log(1 + 10^{-x}) \quad \text{und} \quad x = \log\frac{1}{10^y - 1},$$
$$y = \log(1 + 10^x) \quad \text{und} \quad x = \log(10^y - 1),$$
$$y = \log\frac{1}{1 - 10^{-x}} \quad \text{und} \quad x = \log\frac{1}{1 - 10^{-y}}$$

(die beiden letzten sind identisch).

Die GAUSSischen Tafeln finden sich bei KÖHLER **I** und bei VEGA **II**, dagegen nicht mehr in VEGA **III**. Die von ZECH berechneten Tafeln enthalten in getrennten Tafeln die Funktionen $\log(1 + 10^{-x})$ und $\log\frac{1}{1 - 10^{-x}}$ auf sieben Stellen. Sie finden sich bei VEGA-HÜLSSE **I**. Seine Anordnung ist von vielen Tafeln übernommen worden, so von BECKER **I** und HOÜEL **I** fünfstellig, von LIGOWSKI **I** vierstellig; ferner von HOÜEL **II**, der nur bei der zweiten Funktion das Argument mit entgegengesetztem Vorzeichen nimmt: $\log \frac{1}{1-10^x}$, endlich von BREMIKER, der die zweite Funktion selbst mit entgegengesetztem Vorzeichen nimmt: $\log(1-10^{-x})$, sechsstellig in BREMIKER **II** (dagegen nicht in BREMIKER I), fünfstellig in BREMIKER **III**.

Die Funktionen $\log(1+10^x)$ und $\log(1-10^x)$ auf fünf Stellen gibt HEGER **I**.

Die vorteilhafteste Anordnung ist die von WITTSTEIN angegebene; hier wird nur die Funktion $\log(1+10^x)$ tabellarisch dargestellt, was für alle Fälle ausreicht. Fünfstellige Tafeln dieser Art enthalten WITTSTEIN **II** und F. G. GAUSS **I**, sechsstellige GUNDELFINGER **I**, siebenstellige WITTSTEIN **I**. WITTSTEIN **I** enthält auch eine dreistellige Tafel dieser Funktion, die für Überschlagsrechnungen bequem ist. Eine noch knappere Tafel dieser Art gibt K. RUNGE in seiner Praxis der Gleichungen [Sammlung Göschen 14], Leipzig 1900, Seite 144; sie ist so kurz, daß sie hierhergesetzt werden kann:

	0	1	2	3	4	5	6	7	8	9	10
7·	0·000	0·001	0·001	0·001	0·001	0·001	0·002	0·002	0·003	0·003	0·004
8·	0·004	0·005	0·007	0·009	0·011	0·014	0·017	0·021	0·027	0·033	0·041
9·	0·041	0·051	0·064	0·079	0·097	0·119	0·146	0·176	0·212	0·254	0·301

Einem ähnlichen Zweck wie die Tafeln der Antilogarithmen dienen Tafeln, die den Wert von $\log \frac{1+10^x}{1-10^x}$ liefern, nämlich zur Erleichterung der Berechnung von $\log \frac{a+b}{a-b}$, wenn $\log a$ und $\log b$ bekannt sind. Diese Aufgabe kommt unter anderem bei der Berechnung eines Dreiecks aus zwei Seiten und dem eingeschlossenen Winkel und beim Rückwärtseinschneiden vor. Solche Tafeln sind zuerst von F. W. REX **I, II**, dann von HOÜEL **II** gegeben worden; genauere finden sich in HAMMER **I**.

144. Anwendung der Additionslogarithmen auf die Interpolation von Logarithmentafeln.

Statt einen Logarithmus durch Interpolation zu finden (**134**), kann man nach GUNDELFINGER-NELL **I** auch die Additionslogarithmen zu Hilfe nehmen. Ist $\log a$ bekannt, so ist

$$\log(a+\varepsilon) = \log a + \log\left(1+\frac{\varepsilon}{a}\right).$$

Man bestimmt $\log \frac{\varepsilon}{a} = \log \varepsilon - \log a$ und sucht dazu $\log\left(1+\frac{\varepsilon}{a}\right)$. $\frac{\varepsilon}{a}$ ist hierbei auf ein kleines Intervall beschränkt, so daß die Tafel der Additionslogarithmen nur einen sehr kleinen Umfang zu haben braucht.

Weil $\frac{\varepsilon}{a}$ klein ist, so kann ferner von der bekannten Näherungsformel

$$\log\left(1+\frac{\varepsilon}{a}\right) = M\,\mathrm{l}\left(1+\frac{\varepsilon}{a}\right) \doteqdot M\frac{\varepsilon}{a},$$

wo $M = \log e = 0{\cdot}43429\ldots$ ist (**128**), Gebrauch gemacht werden. Die Differenz $\log(a+\varepsilon) - \log a$ kann dann bequem logarithmisch gerechnet werden:

$$\log[\log(a+\varepsilon) - \log a] \doteqdot \log M + \log \varepsilon - \log a.$$

Die Tafel DIETRICHKEIT **II** ist ebenfalls nach diesem Grundsatz eingerichtet; $\log M$ oder vielmehr ein etwas davon abweichender Wert, der eine gleichmäßigere Verteilung der Abweichungen bewirkt, ist für die verschiedenen Tafelintervalle angegeben (vergleiche auch die Erläuterungen DIETRICHKEIT I).

Auf diese Art ist es möglich, mit sehr wenigen Werten des Logarithmus auszureichen und doch viele Stellen richtig zu bekommen.

Die Tafel DIETRICHKEIT **II** enthält ferner eine ähnlich eingerichtete Tafel für Antilogarithmen.

Auf einer mehrmaligen Anwendung der Additionslogarithmen ist auch die Tafel BÖRGEN I aufgebaut, die trotz ihres Umfanges von nur 25 Seiten alle Logarithmen mit derselben (ja noch etwas größerer) Genauigkeit liefert, als die Tafeln VEGA I oder VLACQ I.

Ganz dieselbe Näherung ist bei GAUSS I und GUNDELFINGER I verwertet, um die Bestimmung von x aus $\log(1+10^x)$ bei kleinen Werten von x, wo die Tafel der Additionslogarithmen zu ungenau wird, zu verschärfen, indem die Werte von

$$x - \log\log(1+10^x),$$

die bei $10^x = 0$ mit $-\log M = 0{\cdot}36222 - 1$ beginnen, tabuliert sind.

145. Der logarithmische Rechenschieber. Falls keine größere Genauigkeit verlangt wird, so lassen sich logarithmische Rechnungen sehr bequem und rasch mit dem logarithmischen Rechenschieber ausführen. Der Hauptteil des Rechenschiebers sind zwei kongruente aneinander verschiebbare logarithmische Skalen, das sind Teilungen, auf denen die Logarithmen aufgetragen und die zugehörigen Numeri beigeschrieben sind. Die Grundanwendung des Rechenschiebers, auf die alle anderen zurückgeführt werden können, ist die Herstellung und Auflösung von Proportionen.

Näheres über den Rechenschieber und seine Verwendung enthalten unter andern: Encyclopédie I, S. 410—430, Enzyklopädie I, S. 1053—1065; FAVARO-TERRIER I, chap. III; GALLE I, I. Abschnitt; Katalog I, II; LENZ I, 12. Kap., MAYER I, Erster Teil; D'OCAGNE II, VI, VON SANDEN I, TREVEN I; für den praktischen Rechner insbesondere aber HAMMER II, ROHRBERG I, SCHRUTKA III, TETMAJER I, WERKMEISTER I.

§ 12. Winkelfunktionen und verwandte Funktionen.

146. Winkelmaße. Beim Zahlenrechnen werden die Winkel zumeist in Gradmaß angegeben; der dreihundertsechzigste Teil des vollen Winkels heißt ein Grad (1^0), der sechzigste Teil eines Grades eine Minute ($1'$), der sechzigste Teil einer Minute eine Sekunde ($1''$). Dieses Maß, das noch von den Babyloniern herstammt, bei denen das Sexagesimalsystem überhaupt viel angewendet wurde, wird heute als um so unbequemer empfunden, je mehr alle Teilungen auf das Dezimalsystem gegründet werden. Es verdienen demnach die Bestrebungen, eine Dezimalteilung der Winkel einzuführen, Beachtung und Förderung. Es hat sich als das richtigste erwiesen, nicht den vollen, sondern den rechten Winkel dezimal zu teilen. Eine Benennung der Bruchteile ist zwar überflüssig, doch ist für den hundertsten Teil des rechten Winkels der Name Neugrad oder Zentesimalgrad (auch Grad neuer Teilung), für dessen hundertsten Teil Neuminute, für deren hundertsten Teil Neusekunde vorgeschlagen worden. In den Bezeichnungen ist bisher keine Übereinstimmung erzielt worden; manche verwenden ^{g}, ^{c}, ^{cc}, manche nur ^{q} als Zeichen für den rechten Winkel oder Quadranten, manche andere Zeichen, einige auch ^{0}, $'$, $''$ mit einem Zusatz in Worten.

Nähere Angaben über die neue Winkelteilung enthalten die Referate von MEHMKE, BAUSCHINGER, und SCHÜLKE in Bericht I, ferner von HAMMER II, S. 13 und Anm. 1.

Tafeln zur Umwandlung von alter in neue Teilung und umgekehrt finden sich in manchen Tafelwerken, so in CALLET I, HOÜEL I, „Hütte" I, LALANDE I, VEGA-HÜLSSE I und, besonders bequem, in JORDAN III.

Sehr wenig Bedeutung für das Zahlenrechnen hat das Bogenmaß der Winkel, bei dem die Winkel durch die Maßzahl des zugehörigen Bogens auf dem Kreis vom Halbmesser 1 gemessen werden. Umwandlungstafeln zwischen Grad- und Bogenmaß finden sich fast in allen Tafeln, meist unter dem Titel „Tafel der Bogenlängen".

Nur eben erwähnt sei noch, daß in der Astronomie der volle Winkel auch, der Zeiteinteilung entsprechend, in 24 Stunden zu 60 Minuten zu 60 Sekunden, und in der Nautik auch in 32 Striche zu 4 Viertelstrichen geteilt wird.

147. Winkelfunktionen. Fast in allen Beziehungen, die Winkel enthalten, treten diese in transzendenten Verbindungen auf, die aber alle miteinander in algebraischem Zusammenhang stehen. Sie würden demzufolge alle durch eine von ihnen vertreten werden können, doch ist es üblich geworden, deren sechs, die unter dem Sammelnamen Winkelfunktionen, trigonometrische oder goniometrische

§ 12. Winkelfunktionen u. verwandte Funktionen

Funktionen bekannten, zu verwenden. Es sind für den Fall eines spitzen Winkels die sechs Seitenverhältnisse eines rechtwinkligen Dreiecks, das den betreffenden Winkel enthält; ihre Namen sind Sinus, Kosinus, Tangens, Kotangens, Sekans, Kosekans, ihre Zeichen

sin, cos, tan (oder tg), cot (oder ctg), sec, csc (oder cosec).

Die Definitionen und Formeln für die Winkelfunktionen werden als bekannt vorausgesetzt. Sehr ausführlich handeln hiervon HAMMER III und G. HESSENBERG, Ebene und sphärische Trigonometrie [Sammlung Göschen 99], 3. Aufl., Leipzig 1914; Formelsammlungen bieten O. TH. BÜRKLEN, Formelsammlung und Repetitorium der Mathematik [Sammlung Göschen 51], Leipzig, § 46—51; „Hütte" I, O. LUEGER, Lexikon der gesamten Technik, Band IV, Seite 596, L. SCHRUTKA, Elemente der höheren Mathematik, Leipzig und Wien, Anhang, „Taschenbuch" I, S. 92, II, S. 138, 164, III, S. 134, 148.

148. Die Funktionen nichtspitzer Winkel. Die Funktionen von Winkeln über 90^0 sind stets den, allenfalls in anderer Reihenfolge und mit verändertem Vorzeichen genommenen Funktionen ihres Überschusses über das nächstkleinere Vielfache von 90^0 gleich. Hierzu kommt noch die Beziehung zwischen den Komplementwinkeln.

Man kann daher jede Funktion eines beliebigen Winkels in eine Funktion eines spitzen Winkels verwandeln, der durch Subtraktion von 90^0, 180^0, 270^0 erhalten wird. Im ersten und dritten Fall ist jede Funktion mit ihrer Kofunktion (Sinus mit Kosinus, Tangens mit Kotangens, Sekans mit Kosekans) zu vertauschen. Außerdem kann ein Minuszeichen notwendig sein.

Der Übergang zur Kofunktion kann auf jeden Fall vermieden werden, wenn man nur 180^0 abzieht und jeden stumpfen Winkel durch sein Supplement ersetzt. Man hat hierbei nur den geringen Nachteil, daß die Minuten und Sekunden nicht dieselben bleiben. Am bequemsten rechnet man das Supplement, indem man auf $179^0 60'$ oder $179^0 59' 60''$ ergänzt.

Mancher wird die bequemere Umrechnung der Winkelmaßzahlen, mancher wieder die bequemeren Umwandlungsformeln wertvoller finden.

Die Umrechnung auf spitze Winkel kann durch Bildung der Ziffernsumme mit Ausschaltung der Einerziffer, die Rückverwandlung durch Abspaltung einer geeigneten Hunderterziffer von den Zehnern erfolgen. Z. B. $\sin 243^0 30' = -\cos 63^0 30'$ (man rechnet $2+4 = 6$); $\tan 5^0 = -\tan 185^0$.

149. Tafeln der Winkelfunktionen. In älteren Tafelwerken finden sich Tafeln der Winkelfunktionen seltener, vielmehr hauptsächlich logarithmische Tafeln (151). Neuerdings, seitdem die Rechenmaschinen größere Verbreitung gefunden haben, sind auch Tafeln der Winkel-

120 § 12. Winkelfunktionen und verwandte Funktionen [149, 150]

funktionen selbst wichtig. Die Einrichtung solcher Tafeln ist der der logarithmischen Tafeln (**132**) sehr ähnlich.

Von Tafeln, die mehr zur Orientierung über den Verlauf der Funktionen dienen, meist große Intervalle $\left(1^0, \frac{1}{2}^0\right)$ und wenig Dezimalstellen (drei oder vier, auch zwei) aufweisen, möge hier nicht weiter die Rede sein.

Die Werte von Sinus, Kosinus, Tangens und Kotangens mit dem Intervall von 15′ auf fünf Dezimalstellen enthält WITTSTEIN II,

mit dem Intervall von 10′ auf vier Dezimalstellen GAUSS I, SCHULTZ I, auf fünf Dezimalstellen ADLER I, GREVE II, HEGER I, „Hütte" I, SCHLÖMILCH I,

mit dem Intervall von 1′ auf fünf Dezimalstellen LIGOWSKI II, SCHUBERT I, auf sechs Dezimalstellen STAMPFER-DOLEŽAL I, auf sieben Dezimalstellen VEGA-HÜLSSE I.

Die genaueste Tafel ist JORDAN III, sie gibt zwar nur Sinus und Kosinus, aber für das Intervall von 10′ auf sieben Dezimalstellen.

Die einundzwanzigstelligen Werte des Sinus und des Kosinus für jede zehnte Bogenminute, sowie für die einzelnen Bogenminuten unter 10′ gibt PETERS III.

Tafeln für neue Teilung enthält CALLET I: die fünfzehnstelligen Werte des Sinus und Kosinus für jedes Tausendstel des Quadranten. Ferner ist auch JORDAN III für neue Teilung zu verwenden.

Tafeln der Winkelfunktionen, aber mit dem Bogen als Argument, enthalten: BURRAU I für jedes Tausendstel bis zum Argument 1·6 auf sechs Dezimalstellen und HAYASHI I mit Intervallen, die von 0·0001 bis 0·1 abnehmen, bis zum Argument 10 auf fünf Dezimalstellen. BURRAU gibt nur Sinus und Kosinus, HAYASHI auch Tangens.

150. Tafeln für Kombinationen von Winkelfunktionen. Die Tafeln WEISBACH I enthalten die Vielfachen von Sinus und Kosinus bis zum Neunfachen für jeden Zehntelgrad, die Tafeln LIGOWSKI I bis zum Zehnfachen für jede Minute, die Tafeln LIGOWSKI II bis zum 301 fachen für jede Minute. Derlei Tafeln können zur Auflösung rechtwinkliger Dreiecke dienen.

Eine Reihe ähnlicher Tafeln führt W. JORDAN, Handbuch des Vermessungswesens, II. Band, 7. Aufl., Stuttgart 1908, S. 281 an.

Die sogenannten tachymetrischen Tafeln, z. B. JORDAN I, enthalten die Vielfachen von $\frac{1}{2}\sin 2\varphi$ und von $\cos^2\varphi$.

Als Tafeln der Sehnen enthalten viele Tafelwerke die Werte von $2\sin\frac{\varphi}{2}$, als Tafeln der Pfeilhöhen manche die Werte von $1 - \cos\frac{\varphi}{2}$.

§ 12. Winkelfunktionen und verwandte Funktionen

Weiter kommen Tafeln der Verhältnisse der Bogenlänge zur Pfeilhöhe, $\dfrac{1-\cos\frac{1}{2}\varphi}{\frac{\varphi}{180}\pi}$, und der Kreisabschnitte $\dfrac{\varphi\pi}{360} - \dfrac{1}{2}\sin\varphi$ vor. Alle diese Tafeln enthält z. B. „Hütte" I.

151. Tafeln der Logarithmen der Winkelfunktionen. In den meisten Fällen werden die Rechnungen mit Winkelfunktionen logarithmisch geführt, da die Genauigkeit der Winkelmessung verhältnismäßig groß ist und es sich daher um vielstellige Zahlen handelt. Die meisten Tafeln geben daher die Logarithmen der Winkelfunktionen. So gut wie alle als Logarithmentafeln bezeichneten Werke enthalten außer den Logarithmen der Zahlen auch die der Winkelfunktionen.

Von den im Literaturverzeichnis genannten enthalten nur BRAUER I, DASE I, DIETRICHKEIT I keine trigonometrischen Logarithmen.

Die Einrichtung dieser Tafeln ist meistens die folgende. In vier Spalten nebeneinander sind die Logarithmen der Funktionen Sinus, Kosinus, Tangens und Kotangens für die Winkel von 0^0 bis 45^0 gegeben; diese Werte sind zugleich die Logarithmen der Funktionen Kosinus, Sinus, Kotangens und Tangens der Komplementwinkel von 90^0 bis 45^0. Aus diesem Grunde haben die vier Spalten außer der Angabe der Funktionen, die sich oben befindet, noch eine zweite am unteren Rande mit den Kofunktionen und außer der Eingangspalte links mit den Winkeln noch eine zweite rechts mit den Komplementwinkeln. Nur selten werden Sinus und Tangens von 0^0 bis 90^0 geführt und Kosinus und Kotangens mit den Winkeln 90^0 bis 0^0 in den zweiten Eingang gesetzt.

Die Anordnung der vier Funktionen ist fast stets Sinus, Tangens, Kotangens, Kosinus, weil diese für die Komplementwinkel nur einfach umzukehren ist; selten stehen Sinus und Kosinus und wieder Tangens und Kotangens nebeneinander.

Die Funktionen Sekans und Kosekans werden nicht angeführt, da ihre Logarithmen sich nur durch das Vorzeichen von denen des Sinus und des Kosinus unterscheiden. Der gleiche Grund würde allerdings auch den Logarithmus des Kotangens entbehrlich machen, doch spricht die Symmetrie in den beiden Komplementwinkeln für dessen Beibehaltung.

Die Kennziffern sind stets beigesetzt und zwar, entweder alle oder nur die negativen, um 10 erhöht (129).

Sehr viele Tafeln weisen für die kleinen Winkel kleinere Intervalle auf oder enthalten eigene Tafeln mit kleinerem Intervall für die ersten Grade. Der Grund hierfür ist der, daß die Interpolation (134) bei kleinen Winkeln zu ungenau ist.

Andere Vorschriften für kleine Winkel siehe 152.

Die fünfstelligen Tafeln haben meist das Intervall 1′, so BECKER I, GAUSS I, GREVE I, II, HEGER I, HOÜEL I, LALANDE I, LIGOWSKI II, SCHLÖMILCH I, SCHUBERT I, WITTSTEIN II. ADLER I hat 2′, GERNERTH I 10″, PETERS IV 15″ (d. i. eine Zeitminute, 146), BREMIKER III 0·01⁰. Die Intervalle für die kleinen Winkel (meist bis 5⁰ oder 6⁰) sind 1″, 10″, auch 0·1′. HOÜEL I und LIGOWSKI II geben auch log sec, SCHUBERT I hat auch Gegentafeln.

Die vierstelligen Tafeln verwenden verschiedene Intervalle: LIGOWSKI I 10′, SCHUBERT II 10″ bis 10′, LÖTZBEYER I und SCHÜLKE I 0·1⁰ (und 0·01⁰ für kleine Winkel), SCHULTZ I das besonders kleine Intervall 1′. SCHÜLKE I gibt auch dreistellige Werte für jeden Grad.

Von den sechsstelligen Tafeln hat BREMIKER I und II das sehr bequeme Intervall von 10″ (und außerdem 1″ bis 6⁰), STAMPFER-DOLEŽAL I das Intervall 1′ (und 0·1″, 1″, 10″ bis 2⁰).

Das Intervall der siebenstelligen Tafeln ist bei den älteren: KÖHLER I, VEGA II, VEGA-HÜLSSE I, 1′ (und 10″ für die kleinen Winkel, bis 6⁰ oder 9⁰); bei den neueren: BRUHNS I, SCHRÖN I, VEGA III, ferner auch bei CALLET I 10″ (für kleine Winkel 1″), endlich bei der ausgezeichneten Tafel PETERS II 1″ für den ganzen Quadranten. Das Intervall von 1′ ist für die Interpolation schon merklich unbequem.

Die achtstellige Tafel von BAUSCHINGER-PETERS I hat das sehr vorteilhafte Intervall von 1″ für den ganzen Umfang.

Von den zehnstelligen Tafeln endlich hat VLACQ I das Intervall von 1′, VEGA I bis 2⁰ das Intervall 1″, von da an 10″.

Eine abgekürzte elfstellige Tafel der Logarithmen der Winkelfunktionen nach Art der in 144 beschriebenen enthält BÖRGEN I.

Die vierzehnstelligen Logarithmen der Winkelfunktionen für jede zehnte Sekunde enthält ANDOYER I.

Tafeln für neue Winkelteilung sind enthalten in CALLET I für jedes Tausendstel des Quadranten auf neun Dezimalstellen; von neueren Tafeln dieser Art sei genannt: JORDAN II sechsstellig mit dem Intervall 0·00001 bis 0·2, von da an 0·0001.

Siebzehnstellige Werte mit dem Intervall 0·01 liefert ANDOYER I.

152. Hilfszahlen zur Bestimmung der Logarithmen des Sinus und des Tangens kleiner Winkel.
Bekanntlich ist für kleine Winkel der Sinus und auch der Tangens nahezu gleich dem Bogen, und zwar

§ 12. Winkelfunktionen und verwandte Funktionen

um so genauer, je kleiner der Winkel ist; mit anderen Worten, die Verhältnisse
$$\frac{\sin \varphi}{\varphi} \quad \text{und} \quad \frac{\tan \varphi}{\varphi}$$
sind für kleine Winkel nahezu gleich 1. Ist der Winkel nicht im Bogenmaß, sondern in Graden, Minuten oder Sekunden ausgedrückt: α^0, oder β' oder γ'', so gehen diese Werte in

$$\frac{\sin \alpha^0}{\frac{\alpha \pi}{180}} = \frac{180}{\pi} \frac{\sin \alpha^0}{\alpha} \quad \text{und} \quad \frac{180}{\pi} \frac{\tan \alpha^0}{\alpha},$$

$$\frac{180 \cdot 60}{\pi} \frac{\sin \beta'}{\beta} \quad \text{und} \quad \frac{180 \cdot 60}{\pi} \frac{\tan \beta'}{\beta},$$

$$\frac{180 \cdot 60 \cdot 60}{\pi} \frac{\sin \gamma''}{\gamma} \quad \text{und} \quad \frac{180 \cdot 60 \cdot 60}{\pi} \frac{\tan \gamma'}{\gamma}$$

über. Alle diese Werte sind für kleine Winkel wenig von 1 verschieden. Also sind auch

$$\frac{\sin \alpha^0}{\alpha} \quad \text{und} \quad \frac{\tan \alpha^0}{\alpha}, \quad \frac{\sin \beta'}{\beta} \quad \text{und} \quad \frac{\tan \beta'}{\beta}, \quad \frac{\sin \gamma''}{\gamma} \quad \text{und} \quad \frac{\tan \gamma''}{\gamma}$$

und ebenso die Logarithmen dieser Ausdrücke für kleine Winkel wenig veränderlich, daher bequem zu tabulieren. Dieser Gedanke rührt von LACAILLE und LALANDE her.

Zumeist werden die Werte

$$\log \sin \gamma'' - \log \gamma \quad \text{und} \quad \log \tan \gamma'' - \log \gamma,$$

gewöhnlich unter der Bezeichnung S und T, oft anschließend an die Tafeln der Logarithmen der Zahlen angegeben. Als obere Schranke wird gern $108\,000'' = 3^0$ gewählt (vgl. 132).

Eine weitere Verfolgung der Annäherung führt auf die Formeln von MASKELYNE; über diese sehe man etwa HAMMER II, S. 168, GREVE I, S. 142, GREVE II, S. 154.

153. Das Rechnen mit Hilfswinkeln. Dadurch, daß die Tafeln der Winkelfunktionen und ihrer Logarithmen mehrerer Winkelfunktionen nebeneinander enthalten, liefern sie zugleich tabellarische Darstellungen für die Abhängigkeiten zwischen den Winkelfunktionen. Betrachtet man z. B. die Zahlen, die in einer Tabelle des Sinus enthalten sind, als Werte einer unabhängigen Veränderlichen x, so liefert die Tabelle des Kosinus die Werte von $\sqrt{1-x^2}$, die des Tangens die Werte von $\dfrac{x}{\sqrt{1-x^2}}$ usw. In Zeichen: man setzt $x = \sin \varphi$ und erhält $\cos \varphi = \sqrt{1-x^2}$, man führt also die Berechnung des Ausdrucks $\sqrt{1-x^2}$ mit Benutzung des Hilfswinkels φ durch.

Von solchen Anwendungen der Tafeln der Winkelfunktionen selbst seien angeführt:

Ist $\sin \varphi = x$, so ist $\cos \varphi = \sqrt{1 - x^2}$.

Ist $\tan \varphi = x$, so ist $\sec \varphi = \sqrt{1 + x^2}$.

Ist $\sec \varphi = x$, so ist $\tan \varphi = \sqrt{x^2 - 1}$.

Ist $\tan \varphi = x$, so ist $\cot \varphi = \dfrac{1}{x}$.

Ist $\cos \varphi = x$, so ist $\tan \dfrac{\varphi}{2} = \sqrt{\dfrac{1-x}{1+x}}$.

Von Anwendungen der Tafeln der Logarithmen der Winkelfunktionen sei auf die folgenden aufmerksam gemacht:

Ist $2 \log \tan \varphi = x$, so ist $-2 \log \cos \varphi = \log(1 + 10^x)$.

Ist $-2 \log \cos \varphi = x$, so ist $2 \log \tan \varphi = \log(10^x - 1)$.

Ist $2 \log \sin \varphi = x$, so ist $2 \log \cos \varphi = \log(1 - 10^x)$.

Ist $\log \cos 2\varphi = x$, so ist $2 \log \cos \varphi + \log 2 = \log(1 + 10^x)$,

ferner $2 \log \sin \varphi + \log 2 = \log(1 - 10^x)$.

Auf diese Weise können daher die Tafeln der Logarithmen der Winkelfunktionen als Ersatz für die Additionslogarithmen (142) dienen.

Ist $\log \tan \varphi = x$, so ist $2 \log \tan(45^0 - \varphi) = \log \dfrac{1 - 10^x}{1 + 10^x}$.

Um von einer Funktion zu einer anderen Funktion desselben Winkels überzugehen, braucht man diesen Winkel nicht zu berechnen, selbst wenn Interpolation erforderlich ist; vielmehr hat man nur dafür zu sorgen, daß die Differenz zwischen den Angaben der Tafel bei beiden Funktionen im selben Verhältnis geteilt wird.

Hier und da findet man sogar Hilfstafeln nach Art der Proportionaltäfelchen für diesen Übergang, so bei Gauss I S. 91—96.

154. Auflösung der quadratischen Gleichungen mit Winkelfunktionen. Die Methode der Hilfswinkel eignet sich auch zur Auflösung der quadratischen und der kubischen Gleichungen.

Die quadratische Gleichung $x^2 + px + q = 0$ nimmt, wenn q positiv ist und $\dfrac{x}{\sqrt{q}} = z$ und $-\dfrac{p}{\sqrt{q}} = r$ gesetzt wird, die Form

(*) $$z^2 - rz + 1 = 0$$

§ 12. Winkelfunktionen und verwandte Funktionen

an. Nun ist, wie leicht nachzurechnen,

$$\tan^2\varphi - \frac{\tan\varphi}{\frac{1}{2}\sin 2\varphi} + 1 = 0 \text{ und } \cot^2\varphi - \frac{\cot\varphi}{\frac{1}{2}\sin 2\varphi} + 1 = 0.$$

Wird daher der Winkel φ so bestimmt, daß $-\frac{2\sqrt{q}}{p} = \frac{2}{r} = \sin 2\varphi$ ist, so sind $\tan\varphi$ und $\cot\varphi$ die Wurzeln der Hilfsgleichung (*), daher $-\sqrt{q}\tan\varphi$ und $-\sqrt{q}\cot\varphi$ die Wurzeln der ursprünglichen Gleichung.

Ist $\left|\frac{2\sqrt{q}}{p}\right| > 1$, also $\frac{p^2}{4} - q < 0$, so versagt das Verfahren; dann sind die Wurzeln komplex. Die Wurzeln von (*) haben beide den absoluten Wert 1, also die Gestalt $\cos\vartheta \pm i\sin\vartheta$ und ϑ ist aus $2\cos\vartheta = r = -\frac{p}{\sqrt{q}}$ zu bestimmen.

Ist q negativ, so verfahre man ähnlich wie vorhin, setze aber $\frac{x}{\sqrt{-q}} = \frac{x}{\sqrt{|q|}} = z$, $\frac{p}{\sqrt{-q}} = r$, wodurch die Gleichung

(**) $$z^2 + rz - 1 = 0$$

entsteht. Nun ist

$$\tan^2\varphi + \frac{\tan\varphi}{\frac{1}{2}\tan 2\varphi} - 1 = 0 \text{ und } \cot^2\varphi - \frac{\cot\varphi}{\frac{1}{2}\tan 2\varphi} - 1 = 0;$$

wird daher φ aus $\frac{2\sqrt{-q}}{p} = \frac{2}{r} = \tan 2\varphi$ bestimmt, so sind $\tan\varphi$ und $-\cot\varphi$ die Wurzeln von (**), daher $\sqrt{-q}\tan\varphi$ und $-\sqrt{-q}\cot\varphi$ die Wurzeln der ursprünglichen Gleichung.

155. Auflösung der kubischen Gleichungen mit Winkelfunktionen. Ist eine kubische Gleichung aufzulösen, so bringe man sie zunächst auf die reduzierte Form

$$x^3 + px + q = 0.$$

Ist nun p positiv, so setze man $\frac{x}{2}\sqrt{\frac{3}{p}} = z$, $\frac{q}{2}\sqrt{\frac{27}{p^3}} = r$; z genügt dann der Gleichung

$$z^3 + \frac{3}{4}z + \frac{r}{4} = 0.$$

Nun ist $\qquad \cot\varphi = \frac{1}{2}\cot\frac{\varphi}{2} - \frac{1}{2}\tan\frac{\varphi}{2},$

also $\qquad \cot^3\varphi + \frac{3}{4}\cot\varphi = \frac{1}{8}\cot^3\frac{\varphi}{2} - \frac{1}{8}\tan^3\frac{\varphi}{2}.$

§ 12. Winkelfunktionen und verwandte Funktionen

Bestimmt man daher zunächst einen Hilfswinkel ϑ aus

$$-\frac{q}{2}\sqrt{\frac{27}{p^3}} = -r = \cot\vartheta = \frac{1}{2}\cot\frac{\vartheta}{2} - \frac{1}{2}\tan\frac{\vartheta}{2},$$

dann einen zweiten aus

$$\tan^3\frac{\varphi}{2} = \tan\frac{\vartheta}{2},$$

so ist $\quad z = \cot\varphi, \; x = 2\sqrt{\frac{p}{3}}\cot\varphi.$

Da, wenn $j = -\frac{1}{2} + \frac{\sqrt{-3}}{2}$ und $j^2 = -\frac{1}{2} - \frac{\sqrt{-3}}{2}$ die dritten Einheitswurzeln bedeuten, auch

$$\left(\frac{1}{2}j^2\cot\frac{\varphi}{2} - \frac{1}{2}j\tan\frac{\varphi}{2}\right)^3 + \frac{3}{4}\left(\frac{1}{2}j^2\cot\frac{\varphi}{2} - \frac{1}{2}j\tan\frac{\varphi}{2}\right) =$$

$$= \left(\frac{1}{2}j\cot\frac{\varphi}{2} - \frac{1}{2}j^2\tan\frac{\varphi}{2}\right)^3 + \frac{3}{4}\left(\frac{1}{2}j\cot\frac{\varphi}{2} - \frac{1}{2}j^2\tan\frac{\varphi}{2}\right) =$$

$$= \frac{1}{8}\cot^3\frac{\varphi}{2} - \frac{1}{8}\tan^3\frac{\varphi}{2}$$

ist, so sind die komplexen Wurzeln der Gleichung

$$\sqrt{\frac{p}{3}}\left(j^2\cot\frac{\varphi}{2} - j\tan\frac{\varphi}{2}\right) \quad \text{und} \quad \sqrt{\frac{p}{3}}\left(j\cot\frac{\varphi}{2} - j^2\tan\frac{\varphi}{2}\right).$$

Ist p negativ, so setze man $2x\sqrt{-\frac{3}{p}} = z$, $\frac{q}{2}\sqrt{\frac{27}{p^3}} = r$; z genügt dann der Gleichung

$$z^3 - \frac{3}{4}z - \frac{r}{4} = 0.$$

Nun ist $\quad \csc\varphi = \frac{1}{2}\cot\frac{\varphi}{2} + \frac{1}{2}\tan\frac{\varphi}{2},$

also $\quad \csc^3\varphi - \frac{3}{4}\csc\varphi = \frac{1}{8}\cot^3\frac{\varphi}{2} + \frac{1}{8}\tan^3\frac{\varphi}{2}.$

Bestimmt man daher einen Hilfswinkel ϑ aus

$$\frac{q}{2}\sqrt{-\frac{27}{p^3}} = r = \csc\vartheta = \frac{1}{2}\cot\frac{\vartheta}{2} + \frac{1}{2}\tan\frac{\vartheta}{2},$$

dann einen zweiten aus

$$\tan^3\frac{\varphi}{2} = \tan\frac{\vartheta}{2},$$

so ist $\quad z = \csc\varphi, \; x = 2\sqrt{-\frac{p}{3}}\csc\varphi.$

Die komplexen Wurzeln sind

$$\sqrt{-\frac{p}{3}}\left(j^2\cot\frac{\varphi}{2} + j\tan\frac{\varphi}{2}\right) \quad \text{und} \quad \sqrt{-\frac{p}{3}}\left(j\cot\frac{\varphi}{2} + j^2\tan\frac{\varphi}{2}\right).$$

§ 12. Winkelfunktionen u. verwandte Funktionen

In diesem zweiten Fall muß $\left|\dfrac{q}{2}\sqrt{-\dfrac{27}{p^3}}\right| \geqq 1$ sein. Ist

$$\left|\frac{q}{2}\sqrt{-\frac{27}{p^3}}\right| < 1, \quad \text{also} \quad \frac{q^2}{4} + \frac{p^3}{27} < 0,$$

so ist anders zu verfahren. Es ist

$$\cos^3\frac{\varphi}{3} - \frac{3}{4}\cos\frac{\varphi}{3} = \frac{1}{4}\cos\varphi,$$

bestimmt man daher einen Hilfswinkel φ aus

$$\frac{q}{2}\sqrt{-\frac{27}{p^3}} = r = \cos\varphi,$$

so sind die Wurzeln

$$z = \cos\frac{\varphi}{3}, \quad \cos\left(\frac{\varphi}{3} + 120^0\right), \quad \cos\left(\frac{\varphi}{3} + 240^0\right);$$

$$x = 2\sqrt{-\frac{p}{3}}\cos\frac{\varphi}{3}, \quad 2\sqrt{-\frac{p}{3}}\cos\left(\frac{\varphi}{3} + 120^0\right),$$

$$2\sqrt{-\frac{p}{3}}\cos\left(\frac{\varphi}{3} + 240^0\right).$$

Sie sind in diesem Fall alle reell.

Es ist dies der sogenannte *casus irreducibilis* der Algebra.

156. Hyperbelfunktionen. Eine gewisse Verwandtschaft mit den Winkelfunktionen zeigen die Hyperbelfunktionen, gewisse Verbindungen von Exponentialfunktionen:

$$\sinh x = \frac{e^x - e^{-x}}{2}, \quad \cosh x = \frac{e^x + e^{-x}}{2}, \quad \tanh x = \frac{e^x - e^{-x}}{e^x + e^{-x}},$$

$$\coth x = \frac{1}{\tanh x}, \quad \operatorname{sech} x = \frac{1}{\cosh x}, \quad \operatorname{csch} x = \frac{1}{\sinh x}.$$

Näheres über die Hyperbelfunktionen enthalten FORTI I; S. GÜNTHER, Die Lehre von den gewöhnlichen und verallgemeinerten Hyperbelfunktionen, Halle 1881; L. KIEPERT, Differentialrechnung, viele Auflagen, Hannover, III. Abschnitt; P. MANSION, Abriß der Theorie der Hyperbelfunktionen, Leipzig 1913; SCHRUTKA, Elemente der höheren Mathematik, 2. Aufl., Leipzig und Wien 1920, § 25.

157. Tafeln der Hyperbelfunktionen. Veranlaßt durch die häufigere Verwendung der Hyperbelfunktionen in der letzten Zeit sind Tafeln für sie berechnet worden. Diese Tafeln sind aber sämtlich weit weniger ausgedehnt als die der Winkelfunktionen.

Die Werte der Hyperbelfunktionen sinh x, cosh x und tanh x selbst geben auf vier Dezimalstellen „Hütte" I; KIEPERT, Differentialrechnung, viele Auflagen, Hannover; LIGOWSKI I; „Taschenbuch" III (I, II nicht); auf fünf Dezimalstellen BURRAU I, HAYASHI I. Ferner ist

§ 12. Winkelfunktionen u. verwandte Funktionen [157, 158, 159]

die Tafel von FORTI I zu nennen. BURRAU I, LIGOWSKI I und „Taschenbuch" III geben tanh x nicht an.

Die Logarithmen der Hyperbelfunktionen geben auf vier Dezimalstellen „Hütte" I; KIEPERT, Differentialrechnung (s. oben); „Taschenbuch" I, II, III (nur log sinh x und log cosh x); auf fünf Dezimalstellen LIGOWSKI I. Ferner ist die Tafel von FORTI I zu nennen.

Über Tafeln der Hyperbelamplitude sehe man 158.

158. Hyperbelamplitude. Setzt man

$$\vartheta = 2 \arctan e^x - \frac{\pi}{2}, \quad x = 1 \tan\left(\frac{\pi}{4} + \frac{\vartheta}{2}\right),$$

so gelten die Beziehungen

$$\sinh x = \tan \vartheta, \; \cosh x = \sec \vartheta, \; \tanh x = \sin \vartheta,$$
$$\coth x = \csc \vartheta, \; \operatorname{sech} x = \cos \vartheta, \; \operatorname{csch} x = \cot \vartheta.$$

Die Hyperbelfunktionen von x stimmen in einer gewissen Ordnung mit den Winkelfunktionen von ϑ, der sogenannten Hyperbelamplitude, überein.

Näheres findet man in den in 156 genannten Werken.

Hat man eine Tafel für den Zusammenhang zwischen x und ϑ, so kann man der Tafeln der Hyperbelfunktionen ganz entraten, indem man mit dem Winkel ϑ in die Tafeln der Winkelfunktionen eingeht. Solche Tafeln enthalten FORTI I; JAHNKE-EMDE I; L. KIEPERT, Differentialrechnung (s. 157); LIGOWSKI I; LIGOWSKI II. Für längere Rechnungen ist jedoch dieses Verfahren zu umständlich. Dagegen lassen sich Rechenverfahren, die auf die Hyperbelfunktionen gegründet sind, durch Verwendung der Hyperbelamplitude so umformen, daß sie nur Winkelfunktionen benutzen.

159. Verwendung der Hyperbelfunktionen zur Ausführung von Zahlenrechnungen.

Geradeso, wie nach 153 die Winkelfunktionen zur Ausführung gewisser Zahlenrechnungen herangezogen werden können, so auch die Hyperbelfunktionen. Die Bemerkungen in 158 zeigen aber, daß auf diese Weise mit den Hyperbelfunktionen keine anderen Aufgaben gelöst werden können, als mit den Winkelfunktionen. Da die Tafeln der Winkelfunktionen viel ausgedehnter sind, so wird man diesen den Vorzug geben.

Nur die Analogie mit den Winkelfunktionen kann für die Herleitung der Formeln die Hyperbelfunktionen oft als wertvoll erscheinen lassen. Hierher gehört z. B. die Behandlung der reduzierten kubischen Gleichungen mit Hyperbelfunktionen, wie sie bei S. GÜNTHER, Die Lehre von den gewöhnlichen und verallgemeinerten Hyperbelfunktionen, Halle 1881, S. 156; in „Hütte" I, I. Abschnitt II D c; bei P. MANSION, Abriß der Theorie der Hyperbelfunktionen, Leipzig 1913, Nr. 19; bei L. SCHRUTKA, Elemente der höheren Mathematik, 2. Aufl., Leipzig und Wien 1921, Nr. 598 angegeben ist. Die Einführung der Hyperbelamplitude führt auf die Rechenvorschriften in 155.

Quellenkunde.

Die Quellenkunde (Literaturverzeichnis) enthält die im Verlauf der Darstellung herangezogenen sowie einige andere wichtige Veröffentlichungen, die sich auf das Zahlenrechnen beziehen (dagegen nicht die gelegentlich erwähnten Werke anderen Inhalts); sie macht daher auf Vollständigkeit nicht im entferntesten Anspruch; insbesondere sind von Zeitschriftenaufsätzen nur wenige zitiert. Die hier genannten Schriften sind im Hauptteil nur mit dem Stichwort und der römischen Ziffer angeführt. Ein * bedeutet, daß ich die Schrift nicht selbst einsehen konnte. In solchen Fällen ist die Quelle, aus der ich geschöpft habe, in ⟨ ⟩ angegeben.

Adhémar siehe Montessus.

August Adler I. Fünfstellige Logarithmen [Sammlung Göschen 423] Neudruck, Berlin und Leipzig 1914.

H. Andoyer I. *Nouvelles tables trigonométriques fondamentales ... avec 17, 15, 14 décimales, Paris 1911. ⟨Jahrbuch über die Fortschritte der Mathematik 42 (für 1911), S. 1034.⟩

Albrecht siehe Bremiker II.

Th. Arldt I. *Quadrattafel der Zahlen von 1 bis 1000. Unterrichtsblätter für Mathematik 18 (1912), S. 91—94. ⟨Jahrbuch über die Fortschritte der Mathematik 43 (für 1912), S. 225.⟩

Felix Auerbach siehe Taschenbuch I.

Charles Babbage I. Tables of the logarithms, 2. Auflage, London 1831, 3. Auflage mit deutscher Einleitung von K. Nagy, London 1834.

P. Barlow I. *New mathematical tables ..., London 1914 ⟨Enzyklopädie I, S. 1003, Anm. [66], [331]) und [347]).⟩ — II. Tables of squares, cubes, square roots, cube roots, reciprocals of all integer numbers up to 10000, Stereotype edition, London, New York 1873; Ausgabe mit französischem Titel: Tables des carrés, cubes, racines carrées, racines cubiques et inverses de tous les nombres entiers de 1 jusqu'à 10000, Paris et Liège 1913.

Julius Bauschinger siehe Bericht I und B.-Peters.

Bauschinger-Peters I: Dr. J. Bauschinger und Dr. Julius Peters, Logarithmisch-trigonometrische Tafeln mit acht Dezimalstellen, 2 Bände, Leipzig 1910—1911.

Dr. Ernst Becker I. Logarithmisch-trigonometrisches Handbuch auf fünf Dezimalen, dritte [Abdruck der 1.] Stereotypausgabe, Leipzig 1910.

Bericht I: Bericht betreffend die Diskussion über die Winkelteilung, zusammengestellt von August Gutzmer. Jahresbericht der Deutschen Mathematikervereinigung 8 (1900) S. 138—177 (Berichte von Rudolf Mehmke, Julius Bauschinger, Albert Schülke, daran anschließend Diskussion).

Joseph Bertrand I. Traité d'arithmétique, 7ème édition, Paris 1880.

Dr. Otto Biermann I. Vorlesungen über mathematische Näherungsmethoden, Braunschweig 1905.

Joseph BLATER I. Tafel der Viertelquadrate aller ganzen Zahlen von 1 bis 200000, Wien 1887.

J. BOCCARDI I. Guide du calculateur (astronomie, géodésie, navigation etc.) 2 parties, Paris et Catane 1902.

Dr. J. BOJKO I. Neue Tafel der Viertelquadrate aller natürlichen Zahlen von 1 bis 2000, Zürich 1909. — II. Lehrbuch der Rechenvorteile. Schnellrechnen und Rechenkunst. [Aus Natur und Geisteswelt 739.] Leipzig und Berlin 1920.

Dr. C. BÖRGEN I. Logarithmisch-trigonometrische Tafel auf 11 (bzw. 10) Stellen [Publikation der Astronomischen Gesellschaft XXII], Leipzig 1908.

E. A. BRAUER I. Springende Logarithmen. Abgekürzte Logarithmentafel. Karlsruhe 1901.

Dr. Karl BREMIKER I. Logarithmorum VI decimalium nova tabula Berolinensis, Berolini (Berlin) 1852. — II. Logarithmisch-trigonometrische Tafeln mit sechs Dezimalstellen. Neu bearbeitet von Prof. Dr. Th. ALBRECHT, 13. [Abdruck der 10.] Stereotypausgabe, Berlin 1900. — III. Logarithmisch-trigonometrische Tafeln mit fünf Dezimalstellen. Stereotypausgabe, Berlin 1872; zweite verbesserte Stereotypauflage, Berlin 1876. — Siehe auch VEGA III.

Karl Anton BRETSCHNEIDER I. *Produktentafel, Hamburg und Gotha 1841. ⟨Enzyklopädie I, Anm. [25]⟩.

Achille BROCOT I. Berechnung der Räderübersetzungen, herausgegeben von dem Verein Hütte, 2. Auflage, Berlin 1879.

Dr. Karl Christian BRUHNS I. Neues logarithmisch-trigonometrisches Handbuch auf sieben Dezimalen, 8. Stereotypausgabe, Leipzig 1909.

Dr. Heinrich BRUNS I. Grundlinien des wissenschaftlichen Rechnens, Leipzig 1903.

G. H. BRYAN I. *A proposal for the unknown digit, Math. Gazette 5 (1909) S. 89—91. ⟨Jahrbuch über die Fortschritte der Mathematik 40 (für 1909), S. 222.⟩

Dr. Karl BURRAU I. Tafeln der Funktionen Kosinus und Sinus mit den natürlichen sowohl reellen als rein imaginären Zahlen als Argument (Kreis- und Hyperbelfunktionen), Berlin 1907. (Titel und Einleitung auch französisch und englisch.)

François CALLET I. Tables portatives de logarithmes, Édition stéréotype, Paris 1795.

C. CARIO - H. C. SCHMIDT I. Zahlenbuch. Produkte aller Zahlen bis 1000 mal 1000. 2. Stereotypauflage. Aschersleben 1898.

Augustin-Louis CAUCHY I. Sur les moyens d'éviter les erreurs dans les calculs numériques, Comptes rendus de l'Académie des sciences 11 (1840) S. 789 = Œuvres complètes, 1re série, tome 5, p. 431—442 (Nr. 105). — II. Sur les moyens de vérifier ou de simplifier diverses opérations de l'arithmétique décimales, Comptes rendus de l'Académie des sciences 11 (1840) S. 847 = Œuvres complètes, 1re série, tome 5, p. 443—455 (Nr. 106). [Die Seitenzahlen sind nach den Œuvres zitiert.]

Dr. August Leopold CRELLE I. *Erleichterungstafel, Berlin 1836. ⟨Enzyklopädie I, Anm. [26]⟩. — II. Wie sich die Division mit Zahlen erleichtern und zugleich sicherer ausführen läßt, als auf gewöhnliche Weise, CRELLES Journal 13 (1835), S. 209—218. — III. Démonstration d'un théorème de M. SLONIMSKY sur les nombres avec une application de ce théorème au calcul des chiffres, CRELLES Journal 30 (1846), S. 215

bis 229. — IV. Note sur la division abrégée en arithmétique, CRELLES Journal 31 (1846), S. 167—173. — V. Rechentafeln. Neue Ausgabe besorgt von O. SEELIGER, Berlin 1907.

Dr. Luigi CREMONA I. Elemente des graphischen Calculs. Autorisierte deutsche Ausgabe. Unter Mitwirkung des Verfassers übertragen von Maximilian CURTZE, Leipzig 1875.

Karl CULMANN I. Die graphische Statik, Zürich 1866. — Siehe auch TETMAJER I.

Gaston DARBOUX I. Sur l'extraction de la racine carrée, Bulletin des sciences mathématiques et astronomiques, 2ème série, 11 (1887) S. 176—184.

Zacharias DASE I. *Tafel der natürlichen Logarithmen der Zahlen, Wien 1850 (auch enthalten in Annalen der Sternwarte Wien, 2. Reihe, 14 (1851) S. 2—195). ⟨Enzyklopädie I, Anm. ^{273}).⟩

O. DIETRICHKEIT I. Höherstellige Logarithmentafeln. Zeitschrift für Mathematik und Physik 48 (1903), S. 457—461. — II. Siebenstellige Logarithmen und Antilogarithmen aller vierstelligen Zahlen und Mantissen . . ., Berlin 1903.

Eduard DOLEŽAL siehe STAMPFER.

Walther DYCK siehe Katalog.

Fritz EMDE siehe JAHNKE.

Encyclopédie I: Encyclopédie des sciences mathématiques pures et appliquées. Édition française. Tome I, volume 4. I 23. Calculs numériques; exposé d'après l'article allemand de R. MEHMKE par M. D'OCAGNE. Paris, Leipzig 1908.

Enzyklopädie I: Enzyklopädie der mathematischen Wissenschaften mit Einschluß der Anwendungen, I. Band: Arithmetik und Algebra. Leipzig 1898—1904, S. 938—1079. Artikel I F: R. MEHMKE, Numerisches Rechnen.

A. K. ERLANG I. *Om Indretningen af fire ciffrede, Logarithmetabeller (Über die Einrichtung vierstelliger Logarithmentafeln). Nyt Tidskrift for mathematik, Abteilung B, 21 (1910), S. 55—60. ⟨Jahrbuch über die Fortschritte der Mathematik 41 (für 1910), S. 1050—1051.⟩ — Siehe auch LOMHOLT.

J. ERNST I. Abgekürzte Multiplikations-Rechentafeln für sämtliche Zahlen von 2—1000, Braunschweig 1901.

Theodor VON ESERSKY I. Ausgeführte Multiplikation und Division bis zu jeder beliebigen Größe. IV. Stereotypausgabe, Dresden 1874. (Text auch russisch.)

Ch. FASSBINDER I. Théorie et pratique des approximations numériques, Paris 1906.

Antonio FAVARO-Paul TERRIER I. Leçons de statique graphique, 2ème partie, Calcul graphique, Paris 1885.

A. FORTI I. *Nuove tavole delle funzioni iperboliche . . ., Roma 1892. ⟨Jahrbuch über die Fortschritte der Mathematik 24 (für 1892), S. 402 bis 403.⟩

Jean-Baptiste-Joseph Baron FOURIER I. Analyse des équations déterminées, Paris 1831. Deutsch: Die Auflösung der bestimmten Gleichungen. Übersetzt und herausgegeben von Alfred LOEWY. [OSTWALDS Klassiker der exakten Wissenschaften 127.] Leipzig 1902.

Dr. A. Galle I. Mathematische Instrumente. [Mathematisch-physikalische Lehrbücher 15.], Leipzig und Berlin 1912.

Ch. Galopin-Schaub I. Théorie des approximations numériques. Notions de calcul approximatif, Genève 1884.

F. G. Gauss I. Fünfstellige vollständige logarithmische und trigonometrische Tafeln, Stereotypdruck, 60. [Abdruck der 22.] Auflage, Halle 1899.

August Gernerth I. Fünfstellige gemeine Logarithmen der Zahlen und der Winkelfunktionen, Wien 1866.

J. Griess I. Approximations numériques. Théorie et pratique des calculs approchés, Paris 1898.

Dr. Adolf Greve I. Fünfstellige logarithmische und trigonometrische Tafeln, 7. [Abdruck der 1.] Auflage, Bielefeld und Leipzig 1897. — II. 14. vermehrte Auflage, Bielefeld und Leipzig 1909.

A. Guillemin I. Tables de logarithmes à 3 quatrades, Paris 1912.

Dr. Siegmund Gundelfinger I. Sechsstellige Gaußische und siebenstellige gemeine Logarithmen, Leipzig 1900. — II. Erläuterung zu einer Tabelle in I. Zeitschrift für Mathematik und Physik 56 (1908) S. 327—328. — Siehe auch Gundelfinger-Nell.

Dr. Siegmund Gundelfinger-Adam Nell I. *Tafeln zur Berechnung neunstelliger Logarithmen, Darmstadt 1891. ⟨Lüroth I, § 50.⟩

A. Gutzmer siehe Bericht I.

M. Guyou I. Sur les approximations numériques. Nouvelles annales de mathématique, 3ème série, 8 (1889), S. 165—186.

Dr. E. von Hammer I. Sechsstellige Tafel der Werte $\log^{10} \frac{1+x}{1-x}$, Leipzig 1902. — II. Lehr- und Handbuch der ebenen und sphärischen Trigonometrie, 3. erweiterte Auflage, Stuttgart 1907. — III. Der logarithmische Rechenschieber und sein Gebrauch, vier Auflagen, Stuttgart.

Dr. Ing. Keiichi Hayashi I. Fünfstellige Tafeln der Kreis- und Hyperbelfunktionen, sowie der Funktionen e^x und e^{-x} mit den natürlichen Zahlen als Argument, Berlin und Leipzig 1921.

Richard Heger I. Fünfstellige logarithmische und goniometrische Tafeln, sowie Hilfstafeln zur Auflösung höherer numerischer Gleichungen, 2. verbesserte Auflage. Leipzig und Berlin 1913.

M. Heinrich I. *Logarithmentafeln, vierstellig und dreistellig, in neuer Anordnung, Berlin 1909. ⟨Lötzbeyer I, Vorwort.⟩

Dr. Gerhard Hessenberg I. Ebene und sphärische Trigonometrie [Sammlung Göschen 99], 3. neubearbeitete Auflage, Berlin und Leipzig 1914.

K. Hoecken I. Die Rechenmaschinen von Pascal bis zur Gegenwart unter besonderer Berücksichtigung der Multiplikationsmechanismen, Sitzungsberichte der Berliner Mathem. Gesellschaft 13 (1914), S. 8—29.

Guillaume-Jules Hoüel I. Tables de logarithmes à cinq décimales, Paris 1858. — II. *Recueil de formules et de tables numériques, Paris 1866. ⟨Enzyklopädie I, Anm. [315].⟩

Josef Hrabák I. Gemeinnütziges mathematisch-technisches Tabellenwerk. Eine möglichst vollständige Sammlung von Hilfstabellen für Rechnungen mit und ohne Logarithmen, Leipzig 1873.

J. A. Hülsse siehe Vega II und Vega-Hülsse I.

„Hütte" I. Des Ingenieurs Taschenbuch, 20. Auflage, 3 Bände, Berlin 1908—1909.

Dr. Eugen Jahnke und Fritz Emde I. Funktionentafeln mit Formeln und Kurven. [Mathematisch-physikalische Lehrbücher 5.] Leipzig und Berlin 1909.

Dr. Wilhelm Jordan I. Hilfstafeln für Tachymetrie, Stuttgart 1880. — II. *Logarithmisch-trigonometrische Tafeln für neue (zentesimale) Teilung mit sechs Dezimalstellen, Stuttgart 1894. ⟨Jahrbuch über die Fortschritte der Mathematik, 25 (für 1893 und 1894), S. 1908—1910.⟩ — III. Opus palatinum. Sinus- und Cosinus-Tafeln von 10″ zu 10″, Hannover und Leipzig 1897.

G. Junge I. Über den Fehler bei logarithmischen Rechnungen. Programm des Kgl. Gymnasiums Landsberg a. W. 1911, 19 S.

Katalog I: Katalog mathematischer und mathematisch-physikalischer Modelle, Apparate und Instrumente, herausgegeben von Walther Dyck, München 1892. — II. Nachtrag, München 1893.

Johannes Kepler I. *Chilias logarithmorum, Marpurgi 1624 = Opera, 7. ⟨Enzyklopädie I, Anm. [190].⟩

Dr. Heinrich Gottlieb Köhler I. Logarithmisch-trigonometrisches Handbuch, 9. Stereotypausgabe, Leipzig 1864.

A. Krönig I. *Über Mittel zur Vermeidung und Auffindung von Rechenfehlern. Programm der Realschule, Berlin 1855. ⟨Enzyklopädie I, Anm. [212]) und [618]).⟩

G. Kühtmann I. Rechentafeln, Dresden 1911.

Jakob Philipp Kulik I. Handbuch mathematischer Tafeln, Grätz (= Graz) 1824. — II. *Prag. Abhandlungen, 5. Reihe, 11 (1860), S. 23. ⟨Enzyklopädie I, Anm. [348]).⟩

Ernst Kullrich I. Die abgekürzte Dezimalbruchrechnung, Programm, Schöneberg 1898.

Jérôme de Lalande I. Tables de logarithmes à cinq décimales, disposées à double entrée et revues par J. Dupuis. Paris 1873.

Emil Lampe I. Über ein Verfahren zur Berechnung von Quadratwurzeln, Kubikwurzeln usw. aus gegebenen Zahlen (im Anschluß an eine Arbeit von O. Parlow), Sitzungsberichte der Berliner mathematischen Gesellschaft 10 (1911), S. 76—88.

Edward M. Langley I. A Treatise on computation, London and New York 1895.

Maximilianus nobilis de Leber I. Tabularum ad faciliorem et breviorem in G. Vegae „Thesauri logarithmorum" magnis canonibus interpolationis computationem utilium trias. Vindobonae (Wien) 1897. (Text auch deutsch.)

Karl Lenz I. Die Rechenmaschinen und das Maschinenrechnen [Aus Natur und Geisteswelt 490], Leipzig und Berlin 1915.

Dr. Wilhelm Ligowski I. Taschenbuch der Mathematik, Tabellen und Formeln, 2. vermehrte Auflage, Berlin 1873. — II. Sammlung fünfstelliger logarithmischer, trigonometrischer, nautischer und astronomischer Tafeln, Kiel 1873.

O. Lohse I. Tafeln für numerisches Rechnen mit Maschinen, Leipzig 1909.

N. E. Lomholt I. Fircifret Logarithmetabel (Vierstellige Logarithmentafel), Kopenhagen 1897 (Erläuterung auch in Zeitschrift für Vermessungswesen 27 (1898), S. 240) ⟨Enzyklopädie I, Anm. [237]) und [243])⟩. — Siehe auch Lomholt-Erlang.

N. E. Lomholt und A. K. Erlang I. *Om Indretningen og Beregningen af fircifrede Logarithmetabeller (Über die Einrichtung und Berechnung vierstelliger Logarithmentafeln). Nyt Tidskrift for mathematik, Abteilung B, **22** (1911) S. 8—12 ⟨Jahrbuch über die Fortschritte der Mathematik **42** (für 1911) S. 1037⟩. — Siehe auch Erlang.

Dr. Ph. Lötzbeyer I. Vierstellige Tafeln zum logarithmischen und Zahlenrechnen für Schule und Leben, Leipzig und Berlin 1918.

Jakob Lüroth I. Vorlesungen über numerisches Rechnen, Leipzig 1900.

Joh. Eugen Mayer I. Das mechanische Rechnen des Ingenieurs [Bibliothek der gesamten Technik, 91. Band], Hannover 1908.

Dr. Rudolf Mehmke I. Zur Berechnung der Wurzeln quadratischer und kubischer Gleichungen mittelst der gewöhnlichen Rechenmaschinen. Zeitschrift für Mathematik und Physik **46** (1901) S. 479—483. — II. Leitfaden zum graphischen Rechnen [Mathematisch-physikalische Lehrbücher 19], Leipzig und Berlin 1917. — Siehe auch Bericht I, Encyclopédie I, Enzyklopädie I.

Robert vicomte de Montessus de Ballore et Robert d'Adhémar I. *Calcul numérique. Première partie: Opérations arithmétiques et algébriques. Deuxième partie: Intégration, Paris 1911 ⟨Jahrbuch über die Fortschritte der Mathematik **42** (für 1911) S. 184—185⟩.

Adam Nell siehe Gundelfinger-Nell.

Richard Neuendorff I. Praktische Mathematik. I. Teil: Graphisches und numerisches Rechnen [Aus Natur und Geisteswelt 341], Leipzig 1911.

W. H. Oakes I. Table of the reciprocals of numbers from 1 to 100000. London ohne Jahr.

Maurice d'Ocagne I. Nomographie. Les calculs usuels effectués au moyen des abaques, Paris 1891. — II. Le calcul simplifié par les procédés mécaniques et graphiques. Conférences. Paris 1894; deuxième édition entièrement refondue et considérablement augmentée, Paris 1905. — III. Traité de nomographie, Paris 1899; *deuxième édition entièrement refondue, Paris 1921 ⟨Anzeige⟩. — IV. Calcul graphique et nomographie [Encyclopédie scientifique II A 27; A 2], deuxième édition revue et corrigée, Paris 1914. — V. Principes usuels de nomographie avec application à divers problèmes concernant l'artillerie et l'aviation, Paris 1920. — VI. Vue d'ensemble sur les machines à calculer, Paris 1922. — Siehe auch Encyclopédie I, Schilling I.

O. Parlow siehe Lampe.

Dr. Julius Peters I. Neue Rechentafeln für Multiplikation und Division mit allen ein- bis vierstelligen Zahlen, Berlin 1909. — II. Siebenstellige Logarithmentafel der trigonometrischen Funktionen für jede Bogensekunde des Quadranten, Leipzig 1911. — III. *Einundzwanzigstellige Werte der Funktionen Sinus und Kosinus zur genauen Berechnung von zwanzigstelligen Werten sämtlicher trigonometrischen Funktionen eines beliebigen Arguments sowie ihrer Logarithmen, Abhandlungen der Preußischen Akademie der Wissenschaften, Berlin 1911, 54 S. ⟨Jahrbuch über die Fortschritte der Mathematik, **42** (für 1911), S. 1036.⟩ — IV. Fünfstellige Logarithmentafel der trigonometrischen Funktionen für jede Zeitsekunde des Quadranten, Berlin 1912. — Siehe auch Bauschinger.

Conte Antonino di Prampero I. Saggio di Tavole dei logaritmi quadratici, Udine 1885.

Otto Prölss I. Graphisches Rechnen [Aus Natur und Geisteswelt 708], Leipzig und Berlin 1920.

Quellenkunde

Heinrich RAUSCHELBACH **I.** Divisionstafel, enthaltend drei- oder vierziffrige Quotienten aller ein- bis dreiziffrigen Dividenden und aller zweiziffrigen Divisoren, Göttingen 1918.

Franz REULEAUX **I.** Prof. TÖPLERS Verfahren der Wurzelausziehung mittelst der THOMASschen Rechenmaschine, Verhandlungen des Vereins zur Beförderung des Gewerbefleißes in Preußen 44 (1865), S. 112—116. — **II.** Die sogenannte THOMASsche Rechenmaschine, zweite umgearbeitete und erweiterte Auflage, Leipzig 1892.

F. W. REX **I.** *Fünfstellige Logarithmentafel, 2 Hefte, Stuttgart 1884. — **II.** *Vierstellige Logarithmentafel, Stuttgart ohne Jahr ⟨beide: Jahrbuch über die Fortschritte der Mathematik 16 (für 1884), S. 1115 bis 1116⟩.

Albert ROHRBERG **I.** Theorie und Praxis des Rechenschiebers [Mathematische Bibliothek 23], Leipzig und Berlin 1916.

Rudolf ROTHE siehe Taschenbuch **I.**

Franz ROGEL **I.** Das Rechnen mit Vorteil, Leipzig 1905.

Charles RUCHONNET **I.** Éléments du calcul approximatif, 4ème édition revue et augmentée, Lausanne et Paris 1887.

Karl RUNGE **I.** Graphische Methoden. [Mathematisch-physikalische Lehrbücher 18], Leipzig und Berlin 1915.

A. SADOWSKI **I.** Die österreichische Rechenmethode in pädagogischer und historischer Beleuchtung, Programm des Altstädter Gymnasiums, Königsberg in Preußen 1892.

Horst VON SANDEN **I.** Praktische Analysis [Handbuch der angewandten Mathematik, I. Teil], Leipzig und Berlin 1914.

Dr. Hermann SCHEFFLER **I.** Die Auflösung der algebraischen und transzendenten Gleichungen mit einer und mehreren Unbekannten in reellen und komplexen Zahlen, Braunschweig 1859.

Dr. Friedrich SCHILLING **I.** Über die Nomographie von M. D'OCAGNE. Eine Einführung in dieses Gebiet, Leipzig 1900.

Dr. Oskar SCHLÖMILCH **I.** Fünfstellige logarithmische und trigonometrische Tafeln. Wohlfeile Schulausgabe, 20. Auflage, Braunschweig 1907.

H. O. SCHMIDT siehe CARIO.

Dr. Ludwig SCHRÖN **I.** Siebenstellige gemeine Logarithmen der Zahlen von 1 bis 108000 und der Sinus, Kosinus, Tangenten und Kotangenten aller Winkel des Quadranten von 10 zu 10 Sekunden. — Interpolationstafel zur Berechnung der Proportionalteile, 22. revidierte Stereotypausgabe, Braunschweig 1894—1895.

Dr. Lothar SCHRUTKA **I.** Eine Methode zur Auflösung quadratischer und kubischer Gleichungen mit der Rechenmaschine, Zeitschrift für Mathematik und Physik **59** (1912), S. 56—70. — **II.** Ratschläge für die Ausführung numerischer Rechnungen, Mitteilungen über Gegenstände des Artillerie- und Geniewesens, Jahrgang 1910, 8 und 9. Heft, Wien 1910. — **III.** Theorie und Praxis des logarithmischen Rechenschiebers, Leipzig und Wien 1911. — **IV.** Ein Mittel zur Vermeidung wiederholter Divisionen bei der NEWTONschen Näherungsmethode, Zeitschrift für Mathematik und Physik **60** (1912), S. 294—299. — **V.** Über einige besondere Verwendungsarten der Rechenmaschine, Zeitschrift für Mathematik und Physik **61** (1912), S. 320—325. — **VI.** Über die Grundgedanken der Nomographie, Mitteilungen über Gegenstände des Artillerie- und Geniewesens, Jahrgang 1917, 7. Heft, Wien 1917. — **VII.** Über einige besondere Verwendungsarten der Rechenmaschine, zweite Mitteilung, Zeitschrift für angewandte Mathematik und Mechanik 1 (1921), S. 195—199.

Dr. Hermann Schubert I. Fünfstellige Tafeln und Gegentafeln für logarithmisches und trigonometrisches Rechnen, Leipzig 1897. — II. Vierstellige Tafeln und Gegentafeln für logarithmisches und trigon ctrisches Rechnen in zwei Farben. [Sammlung Göschen 81], Leipzig

Dr. Albert Schülke I. Vierstellige Logarithmentafeln gebrauch, 11. verbesserte Auflage, Leipzig und Berlin auch Bericht I.

E. Schultz I. Vierstellige Logarithmen der gewöhnlichen Zahlen und Winkelfunktionen in übereinstimmender Anordnung, Ausgabe III A, Essen 1916.

Oskar Seeliger siehe Crelle V.

Eduard Selling I. Eine neue Rechenmaschine, Berlin 1887.

Joseph-Alfred Serret I. Éléments d'arithmétique, 3ème édition, Paris 1861.

Ch. Z. Slonimsky I. Allgemeine Bemerkungen über Rechenmaschinen und Prospektus eines neu erfundenen Rechen-Instrumentes, Crelles Journal 28 (1844), S. 184—189. — II. Multiplikationstafel, Beilage zu Crelles Journal 30 (1846).

Hans Stadthagen I. Über die Genauigkeit logarithmischer Rechnungen, Berlin 1888.

Simon Stampfer-Eduard Doležal I: S. Stampfer. Sechsstellige logarithmisch-trigonometrische Tafel. Neu bearbeitet von E. Doležal, 20. Auflage, Ausgabe für Praktiker, Wien 1904.

Jules Tannery I. Leçons d'arithmétique théorique et pratique (Cours complet de mathématiques élémentaires), Paris 1894.

Taschenbuch I: Taschenbuch für Mathematiker und Physiker herausgegeben von Felix Auerbach und Rudolf Rothe, 1. Jahrgang 1909. — II. 2. Jahrgang 1911. — III. 3. Jahrgang 1913, Leipzig und Berlin. — Siehe auch Ligowski I.

Paul Terrier siehe Favaro.

Ludwig Tetmajer I. Theorie und Gebrauch des logarithmischen Rechenschiebers [Separatabdruck aus Culmann I], Zürich 1875.

T. N. Thiele I. Interpolationsrechnung, Leipzig 1909.

W. Thiele I. *Tafel der Wolframschen hyperbolischen 48 stelligen Logarithmen, bearbeitet und erweitert, Dessau 1908. ⟨Jahrbuch über die Fortschritte der Mathematik 39 (für 1908), S. 1027—1028.⟩

A. Töpler siehe Reuleaux I.

Karl Treven I. Der Gebrauch des logarithmischen Rechenschiebers und des Präzisionsschiebers. [Sonderabdruck aus dem Lehrbuch der Mathematik für höhere Gewerbeschulen], Wien und Leipzig 1913.

Georg Freiherr von Vega I. Thesaurus logarithmorum completus (Vollständige Sammlung größerer logarithmisch-trigonometrischer Tafeln), Lipsiae (Leipzig) 1794. — II. Logarithmisch-trigonometrisches Handbuch, 34. [Abdruck der 19.] Auflage herausgegeben von Dr. J. A. Hülsse, Leipzig 1851. — III. Logarithmisch-trigonometrisches Handbuch. Neue vollständig durchgesehene und erweiterte Stereotyp-Ausgabe. Bearbeitet von Dr. C. Bremiker, 66. [Abdruck der 40.] Auflage, Berlin 1882. — Siehe auch Leber I und Vega-Hülsse.

Quellenkunde. — Register 137

Vega-Hülsse I: Georg Freiherr von Vega, Sammlung mathematischer Tafeln, herausgegeben von J. A. Hülsse, 2. Abdruck, Leipzig 1849.

Adriaen Vlacq I. Arithmetica logarithmica sive logarithmorum chiliades centum, Editio secunda, Goudae 1628.

Julius Weisbach I. Tafel der vielfachen Sinus und Kosinus sowie der vielfachen Sinus versus von kleinen Winkeln nebst Tafeln der einfachen Tangenten, 6. Stereotypausgabe, Berlin 1900.

H Weiskircher I. Doppel-T-Tafel, Taschenbuch zum Schnellrechnen, Hannover 1914.

Dr.-Ing. P. Werkmeister I. Praktisches Zahlenrechnen. [Sammlung Göschen 405], Berlin und Leipzig 1921.

Theodor Wittstein I. Logarithmes de Gauss à sept décimales, Siebenstellige Gaußische Logarithmen, Hannover 1866. — II. Fünfstellige logarithmisch-trigonometrische Tafeln, 19. [Abdruck der 1.] Auflage, Hannover und Leipzig 1899.

Wolfram siehe W. Thiele I.

G. Zickerow I. Das abgekürzte Rechnen. Programm des Kgl. Gymnasiums in Rawitsch 1911, 14 S.

Dr.-Ing. Dr. H. Zimmermann I. Rechentafel nebst Sammlung häufig gebrauchter Zahlenwerte, 7. Auflage, Berlin 1913. (Ausgabe A ohne, Ausgabe B mit Quadrattafel.)

Ludwig Zimmermann I. Rechentafeln, kleine Ausgabe, 3. vermehrte Auflage, Liebenwerda 1916. — II. Rechentafeln, große Ausgabe, Liebenwerda 1896.

Register.

Die Zahlen bedeuten die Nummern, die überall oben innen verzeichnet sind (nicht die Seiten). N bedeutet Fußnote. Innerhalb der Stichwörter ist nicht alphabetisch, sondern systematisch geordnet. Wo sich ein Zweifel über das richtige Stichwort ergeben kann, sind die Nachweise in vielen Fällen unter mehreren Stichwörtern gegeben, um das Nachsuchen zu erleichtern. Bei den Namen ist zwischen Urheberschaft und bloßer Übermittlung kein Unterschied gemacht. Auf Vorwort, Inhaltsverzeichnis und Quellenkunde ist nicht verwiesen.

Abakus 12
abgekürzte Dezimalzahlen 29, Rechnen damit 36, a. Multiplikation 67, Rechnungsfehler dabei 68, a. Division 95, a. Quadratwurzelziehen 108, a. Kubikwurzelziehen 110, a. Hornerisches Verfahren 122.
abrunden 29
Abschriften 15
absolut kleinste Reste 97
absoluter Fehler, a. Genauigkeit 28
Abtrennung von Ziffern 9
Addiermaschinen 45
Addition 39, Proben 40, von links nach rechts 43, ungenauer Zahlen 46, Restproben 97, Rechenprobe von Cauchy 99
Additionslogarithmen 142, Tafeln 143, Anwendung auf die Interpolation 144, Ersetzung durch Hilfswinkel 153
Additionsmaschinen 70
A. Adler: Tafel der Logarithmen der Zahlen 132, Proportionaltäfelchen auf eigenem Blatt 136, Tafel der Winkelfunktionen 149, ihrer Logarithmen 151
Aggregate: Berechnung 44
W. Ahrens: Multiplikation durch Verdoppeln und Halbieren 50
H. Andoyer: Tafel der Logarithmen der Winkelfunktionen 151
Anordnung logarithmischer Rechnungen 137
Antilogarithmen 127, Tafeln 133
Approximationsmathematik 4

10*

Register

Archimedes: Einengung von π 27
arithmetisches Komplement = dekadische Ergänzung
„Arithmometer", Rechenmaschine 70
Th. Arldt: Potenzentafel 103
aufrunden 30
aufsteigende Kettenbrüche 91
Ausgleichungsrechnung 1
Auslöscher 72
Aussprache der Zahlen 16, der Dezimalzahlen 17

P. Barlow: Tafel von Potenzen 103, von Wurzeln 117, der Werte $x^3 - x$ 126
Basis eines Logarithmus 127
C. W. v. Baur: Dezimalzeichen bei Logarithmen 17, Anordnung logarithmischer Rechnungen 137
J. Bauschinger: Zeichen für den Wechsel der abgetrennten Ziffern 9, Notwendigkeit zahlreicher Überstellen bei Berechnungen der Logarithmen 36, Tafel der Logarithmen der Zahlen 132, dezimale Winkelteilung 146, Tafeln der Logarithmen der Winkelfunktionen 151
E. Becker: Tafel der Logarithmen der Zahlen 132, der Additionslogarithmen 143, der Logarithmen der Winkelfunktionen 151
D. Bierens de Haan: Verzeichnis von Logarithmentafeln 131
binomische Entwicklung: Anwendung auf die Wurzelziehung 112, Beispiel dazu 113
J. Blater: Trennung der Tafelzahlen in drei Bestandteile 9, Tafel der Viertelquadrate 62
blitzbildende Multiplikation 59
J. Boccardi: Holzleisten zum Zudecken 15
Bogenmaß der Winkel 146
J. Bojko: Trennung der Tafelzahlen in drei Bestandteile 9, Tafel der Viertelquadrate 62
G. Boole: Interpolation 134
C. Börgen: Tafel vielstelliger Logarithmen der Zahlen 144, der Winkelfunktionen 151
K. Bremiker: Gruppierung der Zeilen in Tafelwerken 7, Notwendigkeit zahlreicher Überstellen bei Berechnung der Logarithmen 36, Fehlerfortpflanzung beim Rechnen mit ungenauen Zahlen 37, Tafeln der Logarithmen der Zahlen 132, der Additionslogarithmen 143, der Logarithmen der Winkelfunktionen 151
C. A. Bretschneider: Vielfachentafel 54
H. Briggs: Erfinder der Logarithmen 128, erste Logarithmentafel 131
A. Brocot: rationale Approximationen 38
Brüche: Dezimalbrüche s. d., gemeine Br. 18, als Approximationen 38, vorteilhaft beim Multiplizieren und Dividieren 96
K. Ch. Bruhns: Tafel der Logarithmen der Zahlen 132, der Logarithmen der Winkelfunktionen 151
„Brunsviga", Rechenmaschine 70
G. H. Bryan: Zeichen für unsichere Ziffern 31
J. Bürgi: künstlicher doppelter Eingang 8, erste Logarithmentafel 131
O. Th. Bürklen: Formeln für Winkelfunktionen 147
K. Burrau: $3\frac{1}{2}$ stellige Tafeln 35, Tafel der Winkelfunktionen 149, der Hyperbelfunktionen 157

Fr. Callet: Verfahren beim Wechsel der abgetrennten Ziffern 9, Tafeln der Logarithmen der Zahlen 132, vielstellige 139, der natürlichen Logarithmen 140, Umwandlung der Winkelteilungen 146, Tafeln der Logarithmen der Winkelfunktionen 151
C. Cario: Produkttafel von Cario-Schmidt 57
A. L. Cauchy: negative Ziffern 23, komplementäre Multiplikation 64, scharfe Abschätzung des Rechnungsfehlers beim abgekürzten Multiplizieren 68, Umgehung der Division 84, Rechenprobe 99, Verbesserung der Newtonschen Näherungsmethode für das Wurzelziehen 115
A. L. Crelle: Vielfachentafel 54, Produkttafel 57, Divisionsverfahren 77

Register

L. Cremona: graphische Rechenmethoden 11

K. Culmann: graphische Methoden 11

G. Darboux: Verfahren der Quadratwurzelziehung 106, der Kubikwurzelziehung 110, als regula falsi 115

Darstellung der Zahlen 16, der Zahlen mit vielen Nullen nebeneinander 21, ungenauer Zahlen 27

Z. Dase: Tafel natürlicher Logarithmen 140

R. Dedekind: Kongruenzen 97

dekadisch:, d. System 16, d. Rang 19, gleich der Kennziffer des Logarithmus 129, d. Ergänzung 22, bei der Subtraktion 41, bei Aggregaten 44, eines Logarithmus 129

designierter Divisor 83

Dezimalbrüche = Dezimalzahlen

Dezimalsystem 16

Dezimalteilung der Winkel 146, Tafeln 149, logarithmische Tafeln 151

Dezimalzahlen 17, abgekürzte 29, korrigierte 30, Genauigkeit 31, vorteilhaft beim Addieren und Subtrahieren 96

Dezimalzeichen 17, Punkt als D. bei Logarithmen 151

O. Dietrichkeit: Interpolation mit Additionslogarithmen 144

Dilogarithmen = Doppellogarithmen

Dimension eines Polynoms 118

P. Dirichlet (Lejeune-D.): Kongruenzen 97

Division: gewöhnliches Verfahren 74, Rechenvorteile 75, negative Ziffern 76—79, Verfahren von Crelle 77, komplementäre D. 78, zu große Quotientenziffern 79, Vielfachentabelle des Divisors 80, des reziproken Divisors 85, Vielfachentafeln 81, Rechenstäbchen 81, Produkttafeln 81, 82, Fouriers Verfahren 83, Umgehung nach Cauchy 84, Verwandlung in Multiplikation 85, Partialbrüche 87, Tafeln 88, Proben 89, in Verbindung mit der Multiplikation 90, mit der Rechenmaschine 92, Vorteile dabei 93, Fehlerfortpflanzung 94, abgekürzte D. 95, Restproben 97, Rechenprobe von Cauchy 99

Divisionstafeln 88

Divisionsverfahren von Horner für Polynome 118

M. d'Ocagne: Nomographie 12, Addiermaschinen 45, Multipliziermaschinen 70, Rechenschieber 145

E. Doležal (Stampfer-D.): Tafel der Logarithmen der Zahlen 132, der Winkelfunktionen 149, ihrer Logarithmen 151

Doppellogarithmus 141

Drehwerk 71

Druckwerk (bei Rechenmaschinen) 72

echte Reste 97

H. W. Egli: Multipliziermaschine 70

Eingang: einfacher und doppelter E. 8

Einstellwerk 71

Elferprobe 98

Fr. Emde (Jahnke und E.): Tafeln der Hyperbelamplitude 158

J. F. Encke: Ansicht über die Dauer fünf-, sechs- und siebenstelliger logarithmischer Rechnung 131

Encyclopédie des sciences mathématiques: Nachweise wie bei Enzyklopädie

Enzyklopädie der mathematischen Wissenschaften: graphische Methoden 11, Nomographie 12, Normalwert, nombre primordial 21 N, Überstellen 36, Addiermaschinen 45, Formeln für die prostaphäretische Methode 63, Multipliziermaschinen 70, Rechenschieber 145

Ergänzung s. dekadische E.

Erhöhungszeichen bei Fünfen 33, bei allen Ziffern 34

A. K. Erlang: Grundsatz für das Korrigieren von Tafelzahlen 30

J. Ernst: Produkttafeln 57

erweiterte Additionsmaschinen 70

Th. v. Esersky: Vielfachentafel 54

A. Favaro (F.-Terrier): graphische Methoden 11, Rechenschieber 145

Fehler 3, absoluter und relativer F. 28

Fehlerfortpflanzung bei Addition und Subtraktion 46, günstigeres Rechenverfahren bei der Sub-

traktion **47**, bei der Multiplikation **66**, bei der Division **94**
Formelfehler **5**, allgemeiner Satz **100**
A. R. FORSYTH: Beispiel für die Unzweckmäßigkeit des Dezimalkommas **17** N
A. FORTI: Hyperbelfunktionen **156**, Tafeln dafür **157**
J. B. FOURIER: Schiebzettel bei der symmetrischen Multiplikation **59**, Divisionsverfahren **83**, Verfahren für das Quadratwurzelziehen **107**, für die Auflösung quadratischer Gleichungen **125**
Funktion: ganze F. = Polynom, Winkelfunktionen s. d., Hyperbelfunktionen **156**

A. GALLE: Addition von links nach rechts **43** N, Addiermaschinen **45**, Multipliziermaschinen **70**, Rechenschieber **145**
ganze Funktion = Polynom
F. G. GAUSS: Ausdrücke groß und klein beim Korrigieren von Dezimalzahlen **30**, Tafel der Logarithmen der Zahlen **132**, der natürlichen Logarithmen **140**, der Additionslogarithmen **143**, der Winkelfunktionen **149**, ihrer Logarithmen **151**, Proportionaltäfelchen für den unmittelbaren Übergang von einer Winkelfunktion zur anderen **153**
K. Fr. GAUSS: Ausarbeitung der Ausgleichungsrechnung **1**, Verwandlung gemeiner in Dezimalbrüche **18**, Urteil über Erhöhungszeichen **34**, Addition und Subtraktion von links nach rechts **43** N, Zerfällung in Partialbrüche **87**, Wort Mantisse **129**, Zeichen für Logarithmen negativer Zahlen **130**, Additionslogarithmen **142**, Tafeln dafür **143**
gemischte Rechenmethoden **138**
H. GÉNAILLE: Rechenstäbchen **56**, Anwendung beim Dividieren **81**
Genauigkeit **28**, einer korrigierten Dezimalzahl **31**
geordnete Multiplikation **59**, Anwendung beim Potenzieren **101**, g. Division **83**
A. GERNERTH: Bezeichnung vollständiger Dezimalzahlen **29**, Ausnützung der Erhöhungszeichen **34**,

Tafeln der Logarithmen der Zahlen **132**, vielstellige **139**, der Logarithmen der Winkelfunktionen **151**
Gleichungen: Auflösung reiner Gl. **114**, **123**, HORNERs Auflösungsverfahren **121**, abgekürzt **122**, Auflösung mit der Rechenmaschine **124**, Auflösung quadratischer Gl. nach FOURIER **125**, mit Winkelfunktionen **154**, Auflösung kubischer Gl. mit Winkelfunktionen **155**, mit Hyperbelfunktionen **159**
goniometrische Funktionen = Winkelfunktionen
Grad eines Polynoms **118**
graphische Methoden **11**
A. GREVE und W. GREVE: gleichhohe Ziffern **7** N, Tabelle der Vielfachen von $\frac{1}{\pi}$ **52**, Tafel der Logarithmen der Zahlen **132**, vielstellige **139**, Tafel der Winkelfunktionen **149**, ihrer Logarithmen **151**, Formeln von MASKELYNE für kleine Winkel **152**
GROS DE PERRODIL: *nombre primordial* **21** N
Grundzahl eines Logarithmus **127**
A. GUILLEMIN: Abkürzungsverfahren **35**
S. GUNDELFINGER: Additionslogarithmen **143**, Interpolation mit Additionslogarithmen **144**
S. GÜNTHER: Hyperbelfunktionen **156**
GUYOU: Schema für Schätzungen des Fehlers einer Rechnung **100**

HAAN s. BIERENS DE HAAN
E. v. HAMMER: unsichere Ziffern **5**, Dezimalzeichen bei Logarithmen **17**, Anordnung logarithmischer Rechnungen **137**, Tafeln für $\log[(1 + 10^x) : (1 - 10^x)]$ **143**, Rechenschieber **145**, dezimale Teilung des Winkels **146**, Lehre von den Winkelfunktionen **147**, MASKELYNEs Formeln für kleine Winkel **152**
Hauptzählwerk **71**, doppeltes **72**
K. HAYASHI: Tafeln der Winkelfunktionen **149**, der Hyperbelfunktionen **157**
R. HEGER: Tafeln für verschiedene Polynome **126**, Tafel der Loga-

Register

rithmen der Zahlen 132, Tafel der Winkelfunktionen 149, ihrer Logarithmen 151
M. HEINRICH: Anordnung von Zahlentafeln 8
E. HEIS: Teilbruchreihen 91
Hilfsmittel zum Rechnen 6
Hilfswinkel 153, zur Auflösung quadratischer Gleichungen 154, kubischer Gleichungen 155
K. HOECKEN: Addiermaschinen 45, Multipliziermaschinen 70
A. HÖFLER: deutsche Aussprache der Zahlen ungünstig 16
W. G. HORNER: Berechnung des Wertes eines Polynoms 118, dekadische Rechenweise 119, Verfahren zur Auflösung von Gleichungen 121, abgekürzt 122, mit der Rechenmaschine 124
J. HOÜEL: Tafel der Logarithmen der Zahlen 132, vielstellig 139, der Additionslogarithmen 143, der Werte $\log[(1 + 10^x) : (1 - 10^x)]$ 143, Umwandlung der Winkelteilungen 146, Tafeln der Logarithmen der Winkelfunktionen 151
Hunderteinerprobe 98
J. A. HÜLSSE s. VEGA-HÜLSSE
„Hütte": Tafeln der reziproken Werte 86, von Potenzen 103, von Wurzeln 117; Tafeln der Logarithmen der Zahlen 132, der natürlichen Logarithmen 140, Umwandlung der Winkelteilungen 146, Formeln für Winkelfunktionen 147, Tafeln der Winkelfunktionen 149, der Sehnen, Pfeilhöhen usw. 150, der Hyperbelfunktionen 157
Hyperbelfunktionen 156, Verwendung für Rechnungen 159
Hyperbelamplitude 158

Interpolation 134, umgekehrte 135, Tafeln zur I. 136, mit Additionslogarithmen 144
Interpolationstäfelchen für den unmittelbaren Übergang von einer Winkelfunktion zur anderen 153
italienische Divisionsmethode 74
iterierte Logarithmen = Doppell. 141

W. JACOBSTHAL: Beispiel für die Unzweckmäßigkeit des Dezimalkommas 17 N

E. JAHNKE (J. und EMDE): Tafeln der Hyperbelamplitude 158
W. JORDAN: Tafeln für Umwandlung der Winkelteilung 146, Tafeln des Sinus und des Kosinus 149, der Vielfachen des Sinus und des Kosinus 150, tachymetrische Tafeln 150, Tafeln der Logarithmen der Winkelfunktionen für neue Winkelteilung 151
G. JUNGE: Fehlerfortpflanzung beim Rechnen mit ungenauen Zahlen 37

karriertes Papier 2
Katalog mathematischer Modelle: Addiermaschinen 45, Multipliziermaschinen 70
Kaufladenmethode bei der Subtraktion 41
Kennziffer 129
J. KEPLER: Verfahren beim Abkürzen von Dezimalzahlen 35
Kettenbrüche: aufsteigende K. 91
L. KIEPERT: binomische Entwicklung 112 N, Logarithmen negativer Zahlen 130, Hyperbelfunktionen 156, Tafeln dafür 157
Klarstellungsvorrichtung 72
K. KNOPP: Bezeichnung abgekürzter Dezimalzahlen 29
H. G. KÖHLER: Tafeln von Potenzen 103, von Wurzeln 117, Tafeln der Logarithmen der Zahlen 132, Tafeln für höhere Interpolation 136, Tafeln natürlicher Logarithmen 140, Tafeln der Additionslogarithmen 143, Tafel der Logarithmen der Winkelfunktionen 151
Kologarithmen 129
komplementäre Multiplikation 64, Division 76
Komplementenmethode bei der Subtraktion 41
kongruente Zahlen 97
Korrektion beim FOURIERschen Divisionsverfahren 83
Korrekturnehmen beim abgekürzten Multiplizieren 68
Korrigieren einer Dezimalzahl 30, Genauigkeit 31, zweifelhafter Fall 32
Kosekans s. Winkelfunktionen
Kosinus s. Winkelfunktionen
Kotangens s. Winkelfunktionen

Kubikwurzelziehen 109, Verfahren von DARBOUX 110, NEWTONsche Methode 115, nach HORNER 123

G. KÜHTMANN: Produkttafeln 57

J. Ph. KULIK: Tafel der Werte $x^3 \pm x$ 126

N. L. DE LACAILLE: Hilfszahlen für Sinus und Tangens kleiner Winkel 152

J. DE LALANDE: Tabelle der Vielfachen von $\frac{1}{\pi}$ 52, Tafel der Logarithmen der Zahlen 132, der Antilogarithmen 133, vielstelliger Logarithmen 139, Umwandlung der Winkelteilung 146, Tafel der Logarithmen der Winkelfunktionen 151

E. LAMPE: approximative Ausziehung der Wurzeln nach PARLOW 115

E. M. LANGLEY: Kaufladenmethode 41, italienische Divisionsmethode 74, Zerfällung in Stammbrüche 91

Laufzettel = Schiebzettel

M. LEBER: Tafeln zur Interpolation des Thesaurus von VEGA 136

G. W. LEIBNIZ: Älteste Multipliziermaschine 70

P. LEJEUNE-DIRICHLET: Kongruenzen 97

K. LENZ: Addiermaschinen 45, Multipliziermaschinen 70, Rechenschieber 145

Z. LEONELLI: Erfinder der Additionslogarithmen 142

W. LIGOWSKI: Tafeln von Wurzeln 117, Tafeln der Logarithmen der Zahlen 132, vielstellige 139, Tafeln der natürlichen Logarithmen 140, der Additionslogarithmen 143, der Winkelfunktionen 149, der Vielfachen von Sinus und Kosinus 150, der Logarithmen der Winkelfunktionen 151, Tafeln der Hyperbelfunktionen 157, der Hyperbelamplitude 158

Logarithmus 127, Logarithmensystem 128, Briggische, natürliche 128, L. negativer Zahlen 130, Tafeln der L. 131, Einrichtung 132, vielstellige 139, 144, Anordnung der Rechnungen mit L. 137, gemischte Methoden 138, Tafeln der natürlichen L. 140, Doppellogarithmen 141, Additionsl. 142, Tafeln dafür 143

O. LOHSE: Reziprokentafel 86

N. E. LOMHOLT: Grundsatz für das Korrigieren von Tafelzahlen 30

Ph. LÖTZBEYER: Anordnung von Zahlentafeln 8, Logarithmen der Zahlen 132, der Winkelfunktionen 151

É. LUCAS: Rechenstäbchen 56, Anwendung beim Dividieren 81

O. LUEGER: Formeln für Winkelfunktionen 147

J. LÜROTH: Methode von DARBOUX für das Kubikwurzelziehen 110

P. MANSION: Hyperbelfunktionen 156

Mantisse 129

A. A. MARKOFF: Interpolation 134

H. MASER: als Übersetzer zitiert 18, 87

N. MASKELYNE: Näherungsformeln für kleine Winkel 152

J. E. MAYER: Rechenschieber 145

R. MEHMKE: Graphische Methoden 11, Auflösung von Gleichungen mit der Rechenmaschine 124, dezimale Winkelteilung 146, methodische Multiplikation 59, beim Potenzieren 101, m. Division 83 „Millionär", Rechenmaschine 70

Modul einer Kongruenz 97, für Restproben geeignete M. 98, als Umrechnungszahl bei Logarithmen 128

J. MÜLLER (REGIOMONTANUS): Name doppelter Eingang 8

Multiplikation: gewöhnliches Verfahren 48, Rechenvorteile 49, durch Verdoppeln und Halbieren 50, 61, negative Ziffern 51, Vielfachentabelle 52, abgekürzte Vielfachentabelle 53, Rechenstäbchen 55, 56, Produkttafeln 57, 58, symmetrische, methodische, geordnete, blitzbildende 59, Anwendung beim Potenzieren 101, zur Verschärfung logarithmischer Rechnungen 138, mit Viertelquadraten 62, mit anderen Tafeln mit einfachem Eingang 63, komplementäre 64, Proben 65, Fehlerfortpflanzung 66, abgekürzte M. 67, Beispiele dazu 69, Rechnungsfehler dabei 68, mit der Rechen-

Register 143

maschine 70, Vorteile dabei 73, M. statt Division 85, M. in Verbindung mit der Division 90, Restproben 97, Rechenprobe von Cauchy 99
Multiplikationstafeln mit einfachem Eingang 62, 63, 127, mit doppeltem Eingang = Produkttafeln
Multipliziermaschinen 70, äußere Einrichtung 71, besondere Vorrichtungen 72, Verwendung beim Dividieren 92, Vorteile 93, Verwendung bei der Auflösung der Gleichungen nach Horner 124
Musterrechnung 15

Näherungswert 3
Napier = Neper
natürliche Logarithmen 128
Nebenrechnungen 13, 15
Nebenzählwerk 71
negative Ziffern 23, beim Multiplizieren 51, mit der Rechenmaschine 72, beim Dividieren 76—79
A. Nell: Interpolation mit Additionslogarithmen 144
J. Neper, Earl of Merchiston: Rechenstäbchen 55, im Handel 56, Logarithmen 128, erste Logarithmentafeln 131
W. Nernst (N. und Schönflies): binomische Entwicklung 112 N
Netzmethode der Multiplikation 60
R. Neuendorff: Graphische Methoden 11   [146
Neugrad, Neuminute, Neusekunde
Neunerprobe 98
J. Newton: Näherungsmethode zum Wurzelziehen 115
nombre primordial 21 N
Nomographie 12
Normalwert 21 N
Numerus 127

W. H. Oakes: Reziprokentafel. 86
M. d'Ocagne: Nomographie 12, Addiermaschinen 45, Multipliziermaschinen 70, Rechenschieber 145
W.T. Odhner: Multipliziermasch. 70
Th. Oppolzer: Abkürzungsverfahren bei Dezimalzahlen 35
österreichische Subtraktionsmethode 41, bei Aggregaten 44, ö. Divisionsmethode 74, beim Quadratwurzelziehen 104

O. Parlow: approximative Ausziehung von Wurzeln 115
partes proportionales 136
Partialbrüche 87
Bl. Pascal: älteste Addiermaschine 45
Perioden der Dezimalbrüche 18
Perrodil, Gros de P.: *nombre primordial* 21 N
J. Perry: Urteil über die Anführung unsicherer Ziffern 5
J. Peters: Zeichen für den Wechsel der abgetrennten Ziffern 9, Notwendigkeit zahlreicher Überstellen bei Berechnung der Logarithmen 36, Produkttafeln 57, Tafel der Logarithmen der Zahlen 132, 21 stellige Tafeln des Sinus und des Kosinus 149, Tafeln der Logarithmen der Winkelfunktionen 151
Pfeilhöhen: Tafeln 150
M. Plackowo: Multiplikation durch Verdopplungen und Halbierungen 50
Polynom 118, Transformation 119, Tafeln 126
Potenzentafeln 103
Potenzieren 101, ungenauer Zahlen 102, Tafeln dazu 103, nach dem Hornerischen Verfahren 120
Praktische Winke 15
A. di Prampero: Tafel der Doppellogarithmen 141
Präzisionsmathematik 4
Produkt dreier Faktoren mit der Rechenmaschine 73
Produkttafeln 57, Anwendung bei großen Multiplikationen 58, bei der Division 82
O. Prölss: graphische Rechenmethoden 17
Proportionalteile 136
Pross: Dezimalzeichen bei Logarithmen 17
prostaphäretische Methode 63
Pythagoreische Tafeln = Produkttafeln 57

quadratische Logarithmen = Doppellogarithmen
Quadratwurzelziehen 104, Differenzenmethode zur Richtigstellung der Wurzelziffern 105, Verfahren von Darboux 106, von Fourier

107, abgekürztes Q. 108, als Newtonsche Methode 115, nach Horner 123
Quersumme 98
Quotient bei der Rechenmaschine 71, 92
Quotiententafeln 88

Radizieren = Wurzelziehen.
Rang: dekadischer R. 19, gleich der Kennziffer des Logarithmus 129
rationale Approximationen 38
H. Rauschelbach: Divisionstafel 88
Rechenbild 12
Rechenfehler: Vermeidung 13, Aufsuchung 14, häufig vorkommende R. 14
Rechenformulare 2
Rechenmaschinen 10, Addiermaschinen 45, Multipliziermaschinen 70, äußere Einrichtung 71, besondere Vorrichtungen 72, Vorteile beim Multiplizieren 73, Division damit 92, Vorteile dabei 93, Anwendung bei der Auflösung von Gleichungen 124
Rechenproben 13, 15, bei der Addition 40, bei der Subtraktion 42, bei der Multiplikation 65, bei der Division 89, Restproben 97, R. von Cauchy 99
Rechenschema 1, 2
Rechenschieber 10, 145
Rechenstäbchen von Neper 55, von Génaille und Lucas 56, Anwendung beim Dividieren 81
Rechenvorteile 2, bei der Addition 39, bei der Multiplikation 49, beim Multiplizieren mit der Rechenmaschine 73, bei der Division 75, beim Dividieren mit der Rechenmaschine 93, Umformungen 96
Rechnen mit abgekürzten Dezimalzahlen 36
Rechnungsfehler 5, beim abgekürzten Multiplizieren 68, beim abgekürzten Quadratwurzelziehen 108, beim abgekürzten Kubikwurzelziehen 110
Regiomontanus: Name doppelter Eingang 8
réglettes multiplicatrices 56
relativer Fehler, r. Genauigkeit 28

Rest: echter R., absolut kleinster R. 97
Restproben 97, geeignete Moduln dafür 98
F. Reuleaux: Rechenmaschine 70, Auflösung von Gleichungen damit 124
F. W. Rex: Tafel für $\log[(1 + 10^x) : (1 - 10^x)]$ 143
Reziprokentafeln 86
A. Rohrberg: Rechenschieber 145
römische Ziffern 26
K. Runge: graphische Rechenmethoden 11, Auflösung von Gleichungen 114 N, kleine Tafel der Additionslogarithmen 143

A. Sadowski: österreichische Rechenmethode 41, 74
H. v. Sanden: Rechenschieber 145
Schaltwerk 71
G. Scheffers siehe Serret
Schiebzettel 15, bei Anlegung einer Vielfachentabelle 52, bei der symmetrischen Multiplikation 59, beim Fourierschen Divisionsverfahren 83, beim Fourierschen Verfahren für das Quadratwurzelziehen 107
O. Schlömilch: Tafel der Logarithmen der Zahlen 132, der Winkelfunktionen 149, ihrer Logarithmen 151
H. C. Schmidt siehe Cario
Fr. W. Schneider: Normalwert 21 N
H. v. Schoder: Dezimalzeichen bei Logarithmen 17
A. Schönflies (Nernst und S.): binomische Entwicklung 112 N
L. Schrön: gleichhohe Ziffern 7 N, Ausnutzung der Erhöhungszeichen 34, Tafeln der Logarithmen der Zahlen 132, Proportionalteile in eigenem Heft 136, vielstellige Logarithmen 139, Tafeln der Logarithmen der Winkelfunktionen 151
L. Schrutka: Nomographie 12, Ausnutzung der Rechenmaschine bei kleinen Zahlen 70, binomische Entwicklung 112 N, Auflösung von Gleichungen 114 N, Verbesserung der Newtonschen Näherungsmethode zur Ausziehung von Wurzeln 115, Umformung eines Polynoms

nach der TAYLORschen Entwicklung 119, Auflösung von Gleichungen mit der Rechenmaschine 124, Logarithmen negativer Zahlen 130, Rechenschieber 145, Formeln für Winkelfunktionen 147, Hyperbelfunktionen 156

H. SCHUBERT: Tafel der Logarithmen der Zahlen 132, der Antilogarithmen 133, der Winkelfunktionen 149, ihrer Logarithmen 151

A. SCHÜLKE: Tafel der Logarithmen der Zahlen 132, Tafel der Proportionalteile vereinigt 136, dezimale Winkelteilung 146, Tafel der Logarithmen der Winkelfunktionen 151

E. SCHULTZ: Tafel der Logarithmen der Zahlen 132, der Winkelfunktionen 149, ihrer Logarithmen 151

Sehnentafel 150

Sekans s. Winkelfunktionen

D. SELIWANOFF: Interpolation 134

E. SELLING: Aussprechen negativer Ziffern 23, Multipliziermaschine 70

J.-A. SERRET: Auflösung von Gleichungen 114 N, S.-SCHEFFERS: binomische Entwicklung 112 N, Logarithmen negativer Zahlen 130

Sinus s. Winkelfunktionen; Bestimmung für kleine Winkel 152

H. STADTHAGEN, Fehlerfortpflanzung beim Rechnen mit ungenauen Zahlen 37

staffelförmige Schreibweise bei der gewöhnlichen Multiplikation 48, bei der symmetrischen Multiplikation 59, 69, bei der Division 74

Stammbrüche 91

S. STAMPFER: Tafel der Logarithmen der Zahlen 132, der Winkelfunktionen 149, ihrer Logarithmen 151

O. STEIGER: Multipliziermaschine 70

Stellenwert 19, Bestimmung beim Rechnen 20

Subtraktion 41, Proben 42 von links nach rechts 43, ungenauer Zahlen 46, Erhöhung der Genauigkeit durch Umformung 47, Restproben 97, Rechenprobe von CAUCHY 99

Symmetrische Multiplikation 59, beim Potenzieren 101, zur Verschärfung logarithmischer Rechnungen 138

tachymetrische Tafeln 150

Tafeldifferenz 134

Tafelwerke 6, Anforderungen an die Einrichtung 7, einfacher und doppelter Eingang 8, Abtrennen von Ziffern 9, Vielfachent. 54, zusammensetzbare 55, 56, Anwendung beim Dividieren 81, Produktt. 57. Anwendung beim Dividieren 82, Viertelquadratt. 62, Reziprokent. 86, Quotientent. 88, T. der Potenzen 103, von Wurzeln 117, von Polynomen 126, der Logarithmen der Zahlen 131, deren Einrichtung 132, vielstellige 139, 144, T. der Antilogarithmen 133, Interpolationst. 136, T. der natürlichen Logarithmen 140, der Doppellogarithmen 141, der Additionslogarithmen 143, zur Umrechnung der Winkelteilung 146, der Winkelfunktionen 149, für Kombinationen solcher 150, der Logarithmen der Winkelfunktionen 151, der Hyperbelfunktionen 156, der Hyperbelamplitude 158

Tangens s. Winkelfunktionen; Bestimmung für kleine Winkel 152

Taschenbuch für Mathematiker und Physiker: Formeln für Winkelfunktionen 147, Tafeln der Hyperbelfunktionen 157

TAYLORsche Entwicklung zur Umformung eines Polynoms 119

Teilbarkeitsregeln 98

Teilbruchreihe 91

P. TERRIER: FAVARO-T. graphische Methoden 11, Rechenschieber 145

L. TETMAJER: Rechenschieber 145

Thesaurus s. VEGA

T. N. THIELE: Abkürzungsverfahren 35. Interpolation 134

W. THIELE: natürliche Logarithmen auf 48 Dezimalen 140

Ch. X. THOMAS: Multipliziermaschine 70

A. TOEPLER: Ausziehung der Quadratwurzel mit der Rechenmaschine 124

K. TREVEN: Rechenschieber 145

trigonometrische Funktionen = Winkelf.

J. TROPFKE: Zerfällung in Stammbrüche 91

Überstellen 36
Ungenaue Zahlen 3, Darstellung 27, Rechnen 36, Anwendung der Wahrscheinlichkeitsrechnung 37, Addition und Subtraktion 46, Multiplikation 67, Division 95, Potenzieren 102

G. v. VEGA und V.-HÜLSSE: Tafeln von Potenzen 103, von Wurzeln 117, Tafeln der Logarithmen der Zahlen 132, Tafeln für höhere Interpolation 136, Proportionaltäfelchen mit umgekehrter Anordnung 136, Tafeln der natürlichen Logarithmen 140, der Additionslogarithmen 143, Umwandlung der Winkelteilung 146, Tafel der Winkelfunktionen 149, ihrer Logarithmen 151
verallgemeinerte Binomialkoeffizienten 112
Verbesserung 28
Vielfachentabelle beim Multiplizieren 52, abgekürzte 53, beim Dividieren 80
Vielfachentafeln 54, beim Dividieren 81, der Moduln der Logarithmensysteme 128
vielstellige Zahlen: Multiplikation mit Produkttafeln 58, mit Logarithmen 138, Division mit Produkttafeln 82, v. Logarithmen 139, Tafeln von BÖRGEN 144
Viertelquadrate 62, zur Ablesung der Quadrate 103
A. VLACQ: Tafel der Logarithmen der Zahlen 132, der Logarithmen der Winkelfunktionen 151

Wahrscheinlichkeitsrechnung: Anwendung auf das Rechnen mit ungenauen Zahlen 37
Warnungsglocke (bei der Rechenmaschine) 72
H. WEBER: Auflösung von Gleichungen 114 N
J. WEISBACH: Tafeln der Vielfachen von Sinus und Kosinus 150
H. WEISKIRCHER: Produkttafel 57, Reziprokentafel 86, Tafel der natürlichen Logarithmen 140

P. WERKMEISTER: Graphische Methoden 11, 12, Rechenschieber 145
G. WERTHEIM: Zerfällung in Partialbrüche 87, Kongruenzen 97
Winkelfunktionen 147, für nichtspitze Winkel 148. Tafeln 149, logarithmische Tafeln 151, Auflösung quadratischer Gleichungen 154, kubischer Gleichungen 155
Winkelmaße 146
Th. WITTSTEIN: Tafeln der Logarithmen der Zahlen 132, der Antilogarithmen 133, der Additionslogarithmen 143, der Winkelfunktionen 149, ihrer Logarithmen 151
WOLFRAM: natürliche Logarithmen auf 48 Dezimalen 140
J. F. v. WREDE: Kunstgriff zur Erleichterung des Korrigierens 30
Wurzeltafeln 117
Wurzelziehen: Quadratwurzelziehen 104, Differenzenmethode zur Richtigstellung der Wurzelziffern 105, Verfahren von DARBOUX 106, von FOURIER 107, abgekürztes 108, Kubikwurzelziehen 109, Verfahren von DARBOUX 110, abgekürztes 110, höhere Wurzeln 111, mit der binomischen Entwicklung 112, Beispiel dazu 113, als Auflösung reiner Gleichungen 114, mit der NEWTONschen Näherungsmethode 115, mit der Regula falsi 116

Zählwerk 71
J. ZECH: Tafel der Additionslogarithmen 143
Zentesimalgrad 146
Zerfällung in Partialbrüche 87, in Stammbrüche 91
G. ZICKEROW: österreichische Rechenmethode 41, 74
Ziffern, negative 23 und s. negative, Beschränkung auf die Ziffern 1 bis 5 24, auf 1, 2, 5 25, römische Z. 26
Ziffernfolge 19, Beziehung zur Mantisse des Logarithmus 129
Ziffernsumme 98
H. ZIMMERMANN: Produkttafeln 57.
L. ZIMMERMANN: Produkttafeln 57
Zusammengesetzte Rechenoperationen 96

Die angegebenen Grundpreise sind mit der Schlüsselzahl des Börsenvereins zu vervielfältigen.

Der Begriff der Zahl in seiner logischen und histor. Entwicklung. Von Realschulrektor Prof. Dr. *H. Wieleitner* in Speyer. 2. Aufl. Mit 10 Fig. [IV u. 59 S.] 8. 1918. (MPhB 2.) Steif geh. M. —.70

Die sieben Rechnungsarten m. allgem. Zahlen. Von Realschulrektor Prof. Dr. *H. Wieleitner* in Speyer. 2. Aufl. [II u. 55 S.] 8. 1920. (MPhB 7.) Steif geh. M. —.70

Abgekürzte Rechnung. Nebst einer Einführung in die Rechnung mit Logarithmen. Von Prof. Dr. *A. Witting*, Oberstudienrat am Gymnasium zum Heil. Kreuz in Dresden. Mit 4 Figuren im Text und zahlreichen Aufgaben. [IV u. 51 S.] (Math.-phys. Bibl. Bd. 47.) Kart. M. —.70

Lehrbuch der Rechenvorteile, Schnellrechnen und Rechenkunst. Von Ing. Dr. phil. *J. Bojko* in Königshütte O.-Schles. Mit zahlreichen Übungsbeispielen. [II u. 115 S.] 8. 1920. (ANuG 739.) Kart. M. 1.30, geb. M. 1.60

Praktische Mathematik. Von Dr. *R. Neuendorff*, Prof. a. d. Univ. Kiel. I. Teil: Graph. Darstellungen. Verkürztes Rechnen. Das Rechnen mit Tabellen. Mech. Rechenhilfsmittel. Kaufm. Rechnen im tägl. Leben. Wahrscheinlichkeitsrechnung. 3. Aufl. (ANuG 341.) [U. d. Pr. 1923.]

Einführung in die Nomographie. Von Studienrat *P. Luckey* in Elberfeld. I. Teil: Die Funktionsleiter. Mit 24 Figuren im Text und 1 Tafel. [IV u. 43 S.] 8. 1918. II. Teil: Die Zeichnung als Rechenmaschine. Mit 34 Figuren. [IV u. 63 S.] 8. 1919. (MPhB 28 u. 37.) Kart. je M. —.70

Theorie und Praxis des logarithmischen Rechenschiebers. Von Studienrat *A. Rohrberg* in Berlin. 2., verb. u. erw. Aufl. Mit 2 Fig. [IV u. 51 S.] 8. 1919. (MPhB 23.) Steif geh. M. —.70

Die Rechenmaschinen und das Maschinenrechnen. Von Reg.-Rat Dipl.-Ing. *K. Lenz* in Berlin. 2. Aufl. Mit 43 Abb. [VI u. 114 S.] 8. 1915. (ANuG Bd. 490.) [In Vorb. 1923.]

Mathematische Instrumente. Von Geh. Regierungsr. Prof. Dr. *A. Galle*, Abteilungsvorsteher am Geodätischen Institut zu Potsdam. Mit 86 Abb. u. Fig. [VI u. 188 S.] 8. 1912. (Samml. math.-phys. Lehrbücher Bd. 15.) Steif geh. M. 2.50

Vom periodischen Dezimalbruch zur Zahlentheorie. Von Professor *A. Leman* in Nordhausen. Mit einem Bildnis von P. Fermat als Titelbild. [VI u. 59 S.] 8. 1916. (MPhB 19.) Steif geh. M. —.70

Zahlentheorie. Von Prof. Dr. *F. Bachmann* in Weimar. Versuch einer Gesamtdarstellung dieser Wissenschaft in ihren Hauptteilen. In 6 Teilen. I. Teil: Die Elemente der Zahlentheorie. [XII u. 264 S.] gr. 8. Neudruck 1910. Geh. M. 4.30, geb. M. 5.80. II. Teil: Die analytische Zahlentheorie. [XVI u. 494 S.] gr. 8. Neudruck 1921. Geh. M. 9.30, geb. M. 10.80. III. Teil: Die Lehre von der Kreisteilung und ihre Beziehungen zur Zahlentheorie. 2., unv. Aufl. [XII u. 299 S.] gr. 8. 1921. Geh. M. 4.50, geb. M. 6.—. IV. Teil: Die Arithmetik der quadrat. Formen. I. Abt. [XVI u. 668 S.] gr. 8. 1898. Geh. M. 12.50, geb. M. 14.40. V. Teil: Allgemeine Arithmetik der Zahlenkörper. [XXII u. 548 S.] gr. 8. 1905. Geh. M. 11.50, geb. M. 13.50. VI. Teil: [In Vorb.]

Niedere Zahlentheorie. Von Prof. Dr. *P. Bachmann* in Weimar. (TmL 10, 1 u. 2.) I. Teil. [X u. 402 S.] gr. 8. 1902. Geh. M. 5.90, geb. M. 7.70. II. Teil. [X u. 480 S.] gr. 8. 1910. Geh. M. 7.30, geb. M. 9.10

Diophantische Approximationen. Eine Einführung in die Zahlentheorie. Von Dr. *H. Minkowski*, weil. Prof. a. d. Univ. Göttingen. Mit 82 Textfig. [VIII u. 236 S.] gr. 8. 1907. Geb. M. 4.60

Verlag von B. G. Teubner in Leipzig und Berlin

Anfragen ist Rückporto beizufügen